JN025549

改訂版

いちからわかる都市計画のキホン

公益財団法人 都市計画協会 審議役 佐々木 晶二 著

ぎょうせい

まえがき

この本は、「都市計画のキホン」をいちから学びたい人のための本です。

本文でも説明しますが、都市計画は、国民に安全、健康で、文化的な生活ができるようにつくり、改善していく仕組みです。

この都市計画の学び方としては、「実際に定められている都市計画、これから定める都市計画といった都市計画の定め方」から学んでいく方法と、「そもそも都市計画を定める仕組み」から学んでいく方法があります。前者は、「都市工学」、後者は「法律学」の観点といってもいいと思います。

現在、大学生や地方公共団体の職員、都市計画コンサルタントなどの方々は、「都市工学」の観点から学ぶ機会が多いと思いますが、都市計画の車の両輪である「法律学」の観点から学ぶ、わかりやすい本がありません。

この本では、「法律学」の立場から、都市計画を定める仕組みとその使い方について皆さんに全体像を理解していただくことも目的としています。また、現在、日本は、人口減少社会への突入という転換期にいることから、都市計画のうち、今後の都市政策、国土政策にとって役立つ部分に重点をおいて記述します。

なお、都市計画の概要をざっくりお知りになりたい方は、応用編を飛ばしてお読みください。

また、都市計画に関心をもった方は、この本に続いて、拙著『政策課題別　都市計画制度徹底活用法』（ぎょうせい、2015）を読み進めてみてください。

2023年5月

佐々木　晶二

目　次

第2章　景 観 法

第3章　都市再生特別措置法

第４章　被災市街地復興特別措置法

第５章　密集市街地における防災街区の整備の促進に関する法律

第6章　宅地造成及び特定盛土等規制法

◎本書で推薦している参考図書は、原則筆者のブログ（http://blog.livedoor.jp/shoji1217/）で概要を紹介しています。
◎本文で多数引用している「土地総合研究」「土地総研リサーチ・メモ」については、土地総合研究所HPに論考を公表しています。
◎「参照条文」として取り上げている法令については、条文本文は省略しています。
　詳しく知りたい方は、『都市計画法令要覧』（ぎょうせい）や「法令データ提供システム」（総務省）をご利用ください。
◎本書で掲載している法令の内容現在は、2023（令和5）年3月末です。

第1部
都市計画の基礎知識

第1章

都市計画の基本的枠組み

　この章では、都市計画という言葉の意味や都市計画の基本的な枠組みに関係する一番基礎的な知識を説明します。

Question 1

都市計画とは、そもそもどういう意味ですか？

都市計画とは、世界共通に普通に使われる用語で、例えば、百科事典に以下のように定義されています。

両定義ともほとんど同じ内容ですが、日本の場合には、地震大国でもあり、「安全」が大事なこと、また、新規の建設や開発よりも「既存ストックの活用」が大事になってきているので、建設だけでなく改善も含めるべきでしょう。

この本では、都市計画を、「都市生活を**安全**・健康で文化的に送ることを主目的として都市を計画し、建設・**改善**すること」と考えます。

日本大百科全書 (2023)	都市計画とは、本来的には、都市の持続的な維持・発展を図るために、都市の営みを空間的かつ計画的に制御・コントロールするための総合的な公的・社会的システムである。
デジタル大辞泉 (2023)	都市内の土地利用・交通・緑地・防災・公共施設の整備などについての計画。能率的で、住民の健康で文化的な生活を確保することを目的とする。

参照（都市計画運用指針）

Ⅲ．都市計画制度の運用に当たっての基本的考え方

Ⅲ－１　都市計画の意義

しかし、安定・成熟した都市型社会にあっては、全ての都市がこれまでのような人口増を前提とした都市づくりを目指す状況ではなくなってきており、都市の状況に応じて既成市街地の再構築等により、都市構造の再編に取り組む必要があるが、その取組においては他の都市との競争・協調という視点に立った個性的な都市づくりへの要請の高まりに応えていかなければならない。さらには、幅広く環境負荷の軽減、防災性の向上、バリアフリー化、良好な景観の保全・形成、歩いて暮らせるまちづくり等、都市が抱える各種の課題にも対応していく必要性が高まってこよう。

Question 2

「都市計画」と「まちづくり」はどう違うのですか？

A 都市計画について、**Q1**（P4）のように広く定義するのではなく、建築行為や開発行為を強制力をもって制限する部分や、強制的に土地を取り上げたり交換させたりするという部分、簡単にいえば、「強制力のある制度」に限って、都市計画を定義する学者がいます。

このような「強制力のある制度」に限って都市計画と定義すると、補助金や交付金、税制措置、出融資制度や行政指導などによって、ソフトに誘導する手法の部分が都市計画からはずれてしまいます。

このはずれたソフトの部分について、「まちづくり」という用語を使う傾向があります。ただし、「まちづくり」は、統一した英語訳が存在せず、世界のなかでも通用する言葉でもありません。

世界共通語である「都市計画」(city planning, town planning)をソフトの部分を含めて、本来の広い意味で用いた方がいいと思います。

参照（都市計画運用指針）

Ⅲ．都市計画制度の運用に当たっての基本的考え方

Ⅲ－１　都市計画の意義

このような中で都市が抱える課題に対応するためには、特に人口が減少に転じ、地域によっては新たな建築行為等が行われにくくなっていることを踏まえれば、規制に加えて、民間の活動や投資を誘導するという観点が必要であり、規制と誘導策とを一体として講じていくことが重要である。

都市計画とまちづくりの関係

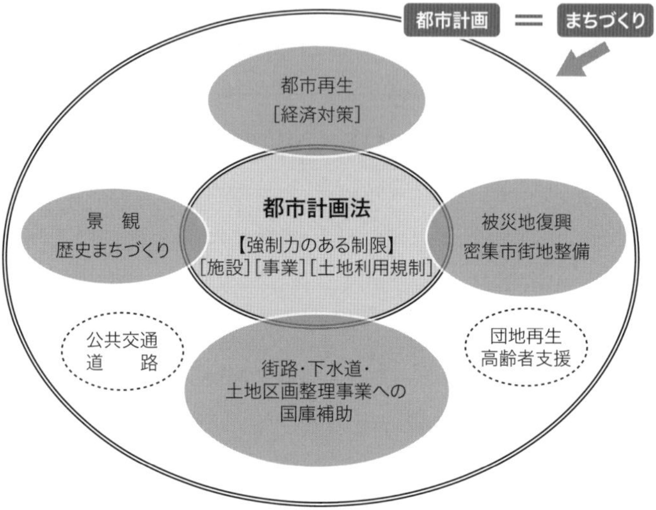

▶もっと勉強したい人のために

『政策課題別　都市計画制度徹底活用法』（ぎょうせい、2015）序章では、都市計画の意義を整理しています。

佐藤滋・饗庭伸・内田奈芳美、編『まちづくり教書』（鹿島出版会、2017）も丁寧にまちづくりの意義を説明しています。ただし、この本では「まちづくり」と「都市計画」を別物として説明していて、著者の意見とは異なります。

橋本隆『自治体の都市計画担当になったら読む本』（学陽書房、2022）は専門書ではありませんが、市町村の都市計画担当者になって苦労した著者が書いたもので実務家には読みやすい本です。

Question 3

日本の都市計画を理解する上で、最低限押さえておくべき法律は何ですか？

A 全体を理解するためには、まず、「都市計画法」が一番大事です。

次に都市計画の3要素（土地利用・都市施設・市街地開発事業、**Q46**（P87）参照）のうち、土地利用の実現手法を担っている「建築基準法」、都市施設の実現手法を担っている「土地収用法」、市街地開発事業の実現手法を担っている「土地区画整理法」「都市再開発法」が大事です。この実現手法の部分について、概要は、今回はざくっとした説明にとどめます。

最後にもう一つ重要な切り口として、政策目的に対応した、都市計画関係法があります。まず、景観行政に関係する「景観法」、経済対策に特化した「都市再生特別措置法」、災害からの復興対策に特化した「被災市街地復興特別措置法」、密集市街地の改善に特化した「密集市街地における防災街区の整備の促進に関する法律」と宅地造成や盛土を規制する「宅地造成及び特定盛土等規制法」があります。この政策目的に対応した法律は比較的新しく、今後も注目されることが予想されますので、第2部第2章から第6章で、詳しく説明します。

Question 4

海外の都市計画で最低限知っておくべきことは何ですか？

A 都市計画は**Q1**（P4）に述べたとおり、世界共通の用語で、先進国で何らかの形で法律として制度化されています。以下、イギリスとフランス、ドイツとアメリカについて述べます。

ア　イギリス：「都市農村計画法」に基づきます。特徴は、事前にはマスタープランの程度のざくっとした計画を定めておき、個別の開発行為や建築行為に対して許可で判断する仕組みです。

イ　フランス：「都市の連帯と再生に関する法律」に基づきます。地域一貫フレーム（SCOT）と都市計画ローカルプラン（PLU）の二段階の都市計画を定めます。これに基づいて開発、建築をしなければなりません。

ウ　ドイツ：「連邦建設法典」に基づきます。事前にFプランというマスタープランと、個別の建物配置まで定めたBプランを定めておきます。原則はこのBプランに沿った形でしか、開発や建築はできません。

エ　アメリカ：アメリカには全国レベルでの都市計画法はありません。各州が授権法を定めると、市（city）がゾーニングという日本の用途地域のような土地利用規制を定めます。開発行為は分割許可（subdivision control）を受ける必要があります。

一般的には、日本よりも欧米の都市計画の方が、規制内容が厳しく優れているといわれることが多いと思います。ただし、日本の都市計画において、高速道路など広域的な都市基盤施設を定めていることは、欧米の都市計画には見られない点です。都市計画の総合性という観点からは日本の都市計画にも優れている側面があります。

▶もっと勉強したい人のために

最近の本で、まとまって先進国の都市計画制度を分析したものは少ないです。以下の本が参考になります。

・稲本洋之助『ヨーロッパの土地法制』(東京大学出版会、1983)
・原田純孝ほか『現代の都市法』(東京大学出版会、1993)
・日端康雄『都市計画の世界史』(講談社、2008)
・阿部成治『大型店とドイツのまちづくり』(学芸出版社、2001)
・遠藤新『米国の中心市街地再生』(学芸出版社、2009)
・林良嗣ほか『都市のクオリティストック』(鹿島出版社、2009)

また、非売品ですが、一般財団法人土地総合研究所が発行している「土地総合研究」(2013年春号)が、コンパクトシティというテーマで独仏英米の都市計画制度の概略を紹介しています。

コラム

日本の都市計画法が海外の法律に比べてずっと法律の目的が変わらないのはなぜですか？

日本の都市計画法の目的は、1968（昭和43）年の制定当初の「都市の健全な発展と秩序ある整備」「健康で文化的な都市生活及び機能的な都市活動の確保」「土地の合理的な利用」と規定して以来、変更がありません。

これに対して、欧州の都市計画関係法典では目的は時代の要請に伴い、どんどん追加されていっています。

例えば、フランスの都市計画法典では、従来から定めていた「生活環境の整理」「居住、雇用、サービス及び交通の諸条件の差別なき確保」に加え、「温室効果ガスの排出削減」「自然環境と景観の保護」「生態的連続性の保存・回復・創造による生物多様性の保全」などが目的に追加されてきています。

日本では、制定当初以降に生じた景観、低炭素、経済、さらに日本独自のニーズである被災地復興などの政策課題については、都市計画法とは別に特別法をつくって対応してきたという違いがあります。

ただし、国民にとって「わかりやすさ」という観点からは、都市計画法典で一覧性をもって、できるだけ改善点を措置するとともに、目的も拡張していくという欧州の法律の改正の仕方に学ぶ点もあると考えます。

▶もっと勉強したい人のために

フランス都市計画関連法の目的規定の拡充については、「土地総合研究」（2013年春号）の内海麻利「フランスの都市計画法制の動向」が有益です。

Question 5

都市計画理論で最低限知っておくべきことは何ですか？

A　都市計画を都市の具体的な場所に定めるにあたっては、この本で記述している法律の仕組みのほか、どのような都市を理想とするか、そのためにどのような都市計画を定めるか、という都市計画理論が不可欠です。

この本は、都市計画理論を説明するものではないので、細かくは触れませんが、最低限、この3人の業績は理解しておいてください。

ア　エベネザー・ハワード：イギリスの都市計画家。19世紀末のロンドンの中心部の労働者住宅のスラム化を解消するため、郊外の農村部に職住混在の新しい都市建設を提案しました。実際に、ロンドンから50km離れたレッチワースの事業を実施しました。

イ　ル・コルビュジェ：20世紀初頭のフランスの建築家。超高層の建築物と足下での大きな空地を整備し、自動車と鉄道は高架上を疾走する、という都市構想を『ボアザン計画』や『輝く都市』で提案しました。そのまま具体化した都市はありませんが、イメージとしては日本の新宿副都心が近いと思います。

ウ　ジェイン・ジェイコブス：20世紀に活躍したアメリカの都市計画家（都市計画の専門教育は受けていない）。都市の多様性を確保するためには、「用途混在」「街路の一辺の短さ」「建築年の異なる建物の混在」「高密度」が必要と提唱し、安易なスラムクリアランスを批判しました。

▶もっと勉強したい人のために

高見沢実『都市計画の理論』（学芸出版社、2006）が一覧性もあり、わかりやすいです。

既述の３人の著作としては、ハワード『新訳　明日の田園都市』（鹿島出版会、2016）、コルビュジェ『輝く都市』（鹿島出版会、1968）、ジェイコブス『アメリカ大都市の死と生』（鹿島出版会、2010）があります。

３人の業績を手早く知るためには、東秀紀ほか『「明日の田園都市」への誘い』（彰国社、2001）、ノーマ・エヴァンソン『ル・コルビュジェの構想』（井上書院、2011）、アンソニー・フリント『ジェイコブス対モーゼズ』（鹿島出版会、2011）が読みやすいと思います。

第2章

都市計画の歴史

この章では、日本の都市計画の歴史を説明します。大きく分けて、第二次世界大戦前、戦後の現在の都市計画法ができた1968年以前とその後、そして、都市計画の発展の過程として、「地区計画」「規制緩和」「コンパクトシティ」などのテーマに分けて説明します。

なお、「地区計画」の時代の後半には「規制緩和」の部分が入り込みますし、「規制緩和」も都市の中心部の緩和が中心ですので、それと同時並行的に、郊外の開発抑制を目的とする「コンパクトシティ」の動きが始まってきます。

その意味では、「地区計画」、「規制緩和」の時代と「コンパクトシティ」の時代は同時並行している部分があります。

1 第二次世界大戦までの都市計画の時代

Question 6

日本で最初の都市計画は何ですか？

A 法律に基づく都市計画は、1888（明治21）年に内務省が勅令で制定した「東京市区改正条例」が最初です。

明治政府が、たびたび火災に襲われていた東京について、「道を拡げ水路を掘り広場や公園を画す仕事」としての市区改正を、一種の首都改造計画として行おうとしたものです。

国の財源が十分に確保できなかったことから、国家事業として位置付けつつも、最終的には東京市民の負担によって、外債を含めた公債、市営事業からの収益や、特別税である都市計画特別税などの収入を財源として進められました。

この日本最初の都市計画である「市区改正条例」は、1918（大正7）年に横浜市、名古屋市、京都市、大阪市、神戸市（五大都市）にまで適用が拡大されました。

▶もっと勉強したい人のために

日本の都市計画の歴史を学ぶ一番の基本書は、石田頼房『日本近現代都市計画の展開』（自治体研究社、2004）です。戦前の日本の都市計画については、越澤明『後藤新平』（ちくま新書、2011）、『東京の都市計画』（岩波新書、1991）が有益です。

東京市区改正計画［新設計］（1903年告示）

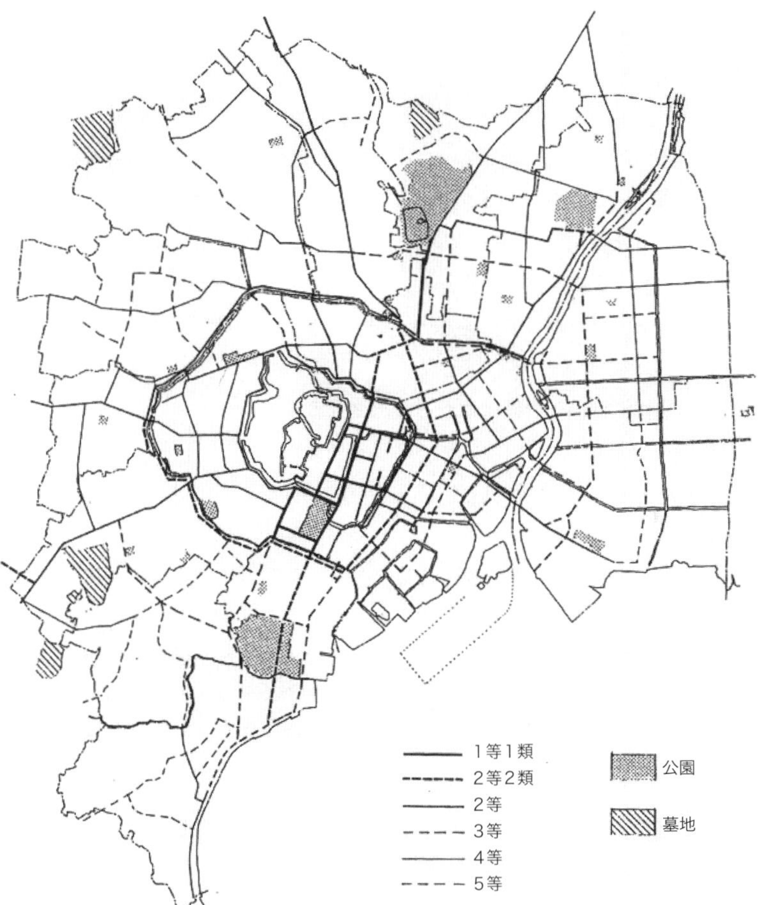

出典：石田頼房『日本近現代都市計画理論の展開 1868–2003』（自治体研究社、2004）

コラム

市区改正条例のときには、道路橋梁及び河川は水道家屋下水よりも優先されたのですか？

東京市区改正委員会委員長の芳川顕正の「意見書」に「意（オモ）フニ道路橋梁及河川ハ本ナリ水道家屋下水ハ末ナリ」とあることから、道路、橋梁、河川を優先し、水道、家屋、下水は劣後したという説がありますが、この趣旨は、道路などの計画が決まると自ずと水道などの計画が決まるという計画の手順を述べているものと最近では解釈されています。

江戸の時代には都市計画はなかったのですか？

通常、都市計画は明治維新以降の西欧の都市計画制度にならった、近代都市計画を前提にしています。しかし、江戸時代にも、都市を計画し、都市を建設する意図は、徳川幕府にはありました。

例えば、江戸城を中心に、背後の吹上げには御三家を、武蔵野台地が広がる西北側背後の番町・麹町に徳川家直轄の家臣である旗本を、城の正面にあたる大手門内外、西の丸下、大名小路に譜代大名を、横の桜田門の桜田門外・霞ヶ関に外様大名を、さらに低地の街道沿いに町人地を配するという、軍事上の観点からゾーニングを行っていました。

また、江戸は神田上水、玉川上水という都市施設としての上水道が整備され、下肥が肥料として取引されるなど、同時代のロンドンなどに比べても清潔な都市が実現していました。

このように西洋的な基準からみても、当時の江戸の都市計画は優れた水準にあったものと考えることもできます。

▶もっと勉強したい人のために

加藤貴『江戸を知る事典』（東京堂出版、2004）、岡本哲志『江戸→TOKYOなりたちの教科書』（淡交社、2017）が有益です。

Question 7

日本で最初の都市計画法はいつ制定されたのですか？

A　日露戦争、第一次世界大戦後の日本の経済成長、人口増加に伴い、都市化が急速に進むなかで、都市化をコントロールする観点から、1919（大正8）年に都市計画法が制定されました。

この法律で初めて、市街地の用途を住居、商業、工業に区分する用途地域が創設されました。しかし、財源については、所管省庁であった内務省は土地増価税などを主張したものの、大蔵省の理解を得られず、都市計画事業に十分な国の財源を確保することはできませんでした。

しかし、内務省、各都道府県都市計画委員会事務局には都市計画技術の専門家が集結し、全市及び指定した町村の都市計画の策定を進めていきました。

Question 8

関東大震災では都市計画はどのように役立ったのですか？

A 1923（大正12）年9月1日の関東大震災の発生によって、10万棟を超える家屋が倒潰（倒壊でなく倒潰とするのは、木造家屋が潰れたことを意味するため）し、火災、建物倒潰、土砂災害、津波などの犠牲者は10万人を超えると推計されています。

被害総額も地震による直接的な損失だけで55億円あるいは100億円以上ともいわれ、当時の国家予算の4～7倍という規模といわれています（この被災規模は、最近の見直しを踏まえ、中央防災会議災害教訓の継承に関する専門調査会「1923　関東大震災報告書第一編」に基づいています。）。

この巨大自然災害に対して、政府は、9月12日に帝都復興に関する詔書を発し、遷都の意図のないことを明確にしました。

その上で、帝都復興院（総裁　後藤新平）を設置し、東京の都心及び下町を含む区域で地域制と土地区画整理事業を実施しました。後藤新平内務大臣は、当初は全面的に土地を買い上げる手法を考えましたが、国の財政への負担から、土地の1割を無償で減歩するという土地区画整理事業を国と東京都で分担して実施することにしました。この面積は3,600haにも及び、それ以降も震災復興といえば土地区画整理事業というほど、都市計画の手法として定着したものになりました。

また、新しい建築様式としては、1924（大正13）年、住宅の復興のため設立された財団法人同潤会が、日本で初めて近代的な鉄筋コンクリート造アパート団地を開発し（同潤会アパート）、不良住宅地区改良を行うなど、画期的な業績を残しました。

▶もっと勉強したい人のために

最近の本では、小林正泰『関東大震災と「復興小学校」』（勁草書房、2012）、筒井清忠『帝都復興の時代』（中央公論新社、2011）、北原糸子『関東大震災の社会史』（朝日新聞出版、2011）、松葉一清『「帝都復興史」を読む』（新潮社、2012）が優れています。

関東大震災での東京都の延焼図

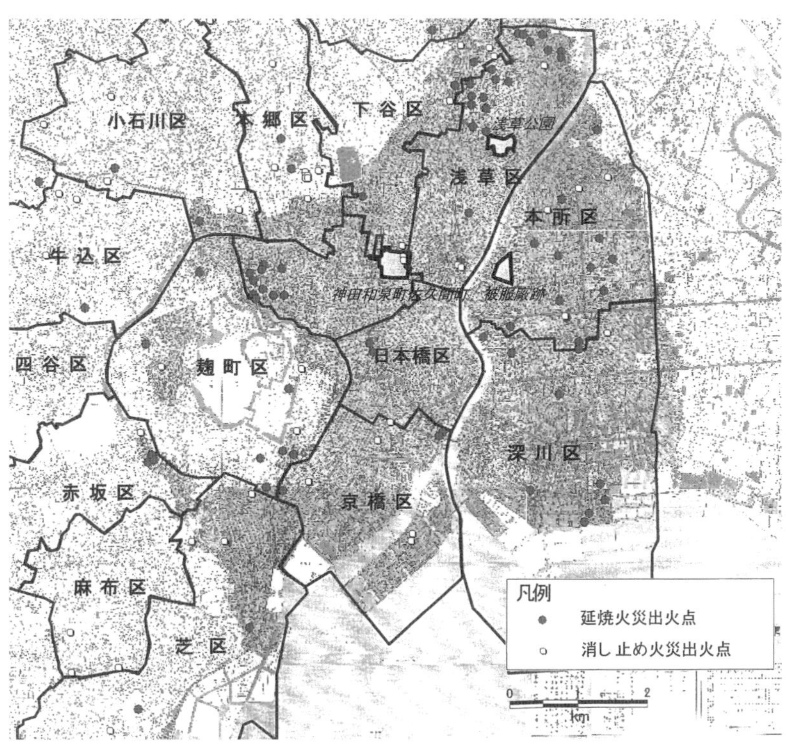

（備考）中央防災会議災害教訓の継承に関する専門調査会「1923　関東大震災報告書（第一編）」による

関東大震災の復興のための土地区画整理事業

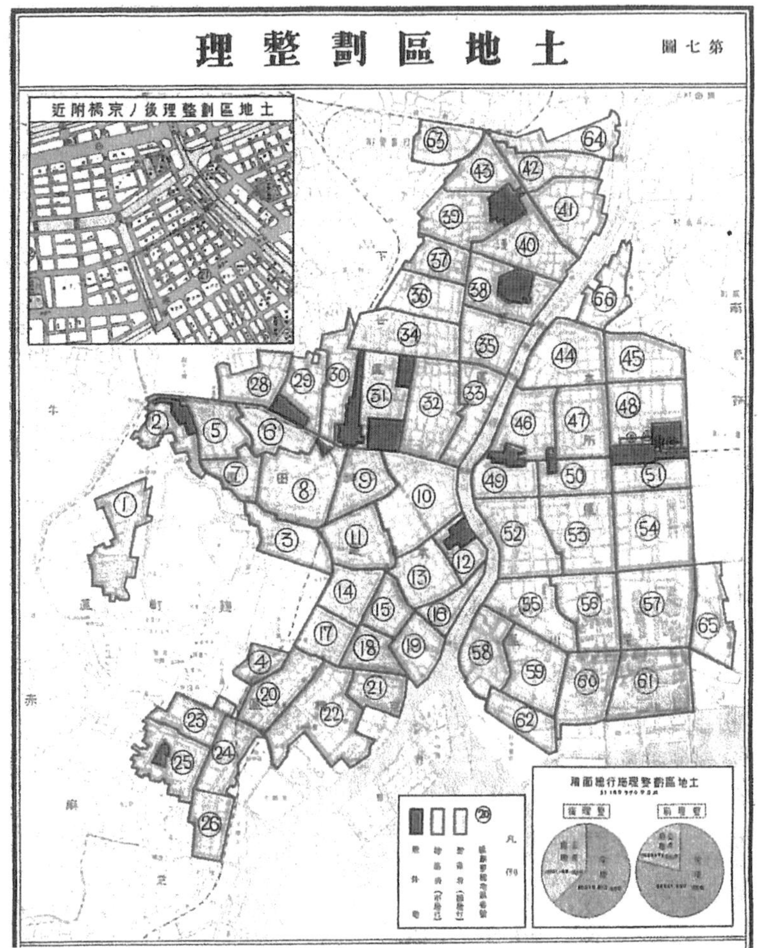

（備考）中央防災会議災害教訓の継承に関する専門調査会「1923　関東大震災報告書（第三編）」による

Question 9

第二次世界大戦中の都市計画はどうだったのですか？

A　戦時体制での工場立地などを進めるため、建物の用途規制は原則廃止されました。また、防空という目的が都市計画法に追加され、従来からグリーンベルトとして内務省が検討していた首都圏を環状に覆う防空空地が都市計画決定されました。

また、市街地内において、重要施設への延焼を阻むため、「建物疎開」として民間の建物を除却して空地をつくる事業が、東京、大阪、名古屋などのほか、全国の都市で進められ、約60万戸が除却されたといわれています。

2 第二次世界大戦後の都市計画（現行都市計画法制定前まで）の時代

Question 10

戦災復興事業の都市計画はどうでしたか？

A 1946（昭和21）年に特別都市計画法を制定して、戦災を受けた地域に対して土地区画整理事業を実施しました。1949（昭和24）年のドッジプランによる財政縮小に伴い、関東では施行地区が縮小されましたが、全国の112都市で約2万haの市街地を戦災復興土地区画整理事業で整備しました。日本の大都市の骨格は、この戦災復興土地区画整理事業で整備されたといって過言はありません。

Q8（P18）の関東大震災の復興事業に次いで、戦災復興事業でも土地区画整理事業が活用されたことから、日本では復興事業といえば、土地区画整理事業がイメージされる伝統ができました。

▶もっと勉強したい人のために

石榑督和『戦後東京と闇市』（鹿島出版会、2016）、中島直人ほか『都市計画家石川栄耀』（鹿島出版会、2009）が優れています。

東京都区内の罹災状況図

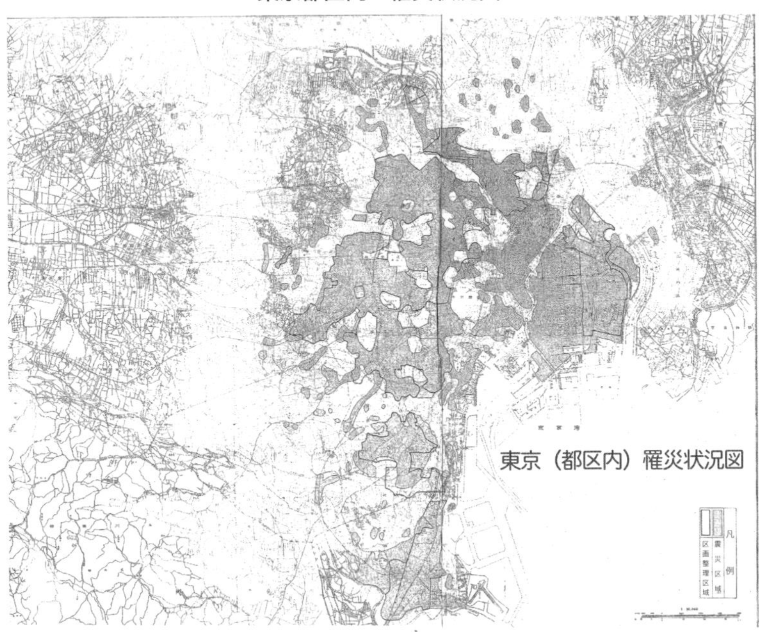

全国の戦災復興土地区画整理事業の推移

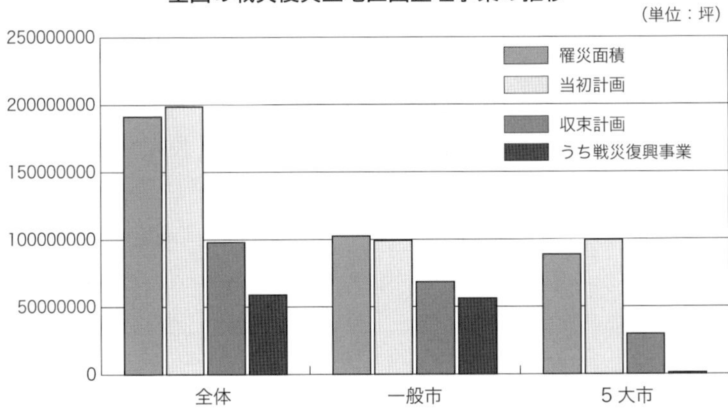

（備考）
1）当初計画とは戦災復興院が発足した1945（昭和20）年11月時点、収束計画は1955（昭和30）年時点の計画をいう。戦災復興事業はこの収束計画のうち戦災復興事業として実施したものをいう。
2）５大市とは、東京、横浜、名古屋、大阪、神戸をいう。
3）建設省編『戦災復興誌第壱巻』による。

Question 11

今の都市計画法が制定されるまでの都市計画はどうだったのですか？

A 戦後の急速な経済成長と人口増加、大都市への人口集中を踏まえて、1963（昭和38）年に、収用方式で住宅団地を整備する「新住宅市街地造成事業」や、1958（昭和33）年に首都圏、1964（昭和39）年に近畿圏において収用方式で工業団地を整備する「工業団地造成事業」などの事業制度が整備されました。

しかし、都市化をコントロールするための都市計画の枠組みが存在しなかったことから、戦前の都市計画法を運用で使いやすくしながら、なんとか対応している状況が続いていました。

3 現行都市計画法の制定時の都市計画の時代

Question 12

現行都市計画法の特徴は何ですか？

A　1968（昭和43）年に戦前から継続していた都市計画法を全面改正して、現在の都市計画法が制定されました。

まず、戦後の高度成長に伴う都市化に対応して、都市の無秩序な拡大(「スプロール」といいます。**Q32**(P55)参照)を抑制するため、市町村の行政区域にとらわれずに、都市の実態に即して「都市計画区域」を定めることができるようにしました。

次に、この都市計画区域を、市街化を進める「市街化区域」と、市街化を抑制する「市街化調整区域」に区分する、いわゆる「線引き」制度を創設しました。開発行為については、技術的な基準をチェックするとともに、市街化調整区域での開発を抑制するため、開発許可が必要とされました。

さらに、この制度の枠組み創設に併せて、従来は、建設大臣が定め内閣の認可が必要だった都市計画決定について、すべて都道府県知事又は市町村長が定めることにしました。

▶もっと勉強したい人のために

都市計画法制定時に建設省都市計画課長であった大塩洋一郎の著作『都市計画法の要点』、『日本の都市計画法』（ぎょうせい、1981）は、いずれも絶版ですが、立法者の考え方がわかる名著です。

Question 13

都市計画法に対応して整備された法律は何ですか？

A 1968（昭和43）年の都市計画法と同時に農地法が改正され、市街化区域内での農地の転用については、許可ではなく、届け出で済むことになりました。

また、建築物の用途規制については、2年ほど遅れて、1970（昭和45）年の建築基準法の改正により、従来の4つの用途地域から、8種類の用途地域に細分化され、中身が整理されました。

4 地区計画の時代

Question 14

地区計画とは何ですか？

A　1968（昭和43）年に都市計画法が制定され、その後、1970年代は線引きの実施が都道府県及び市町村の都市計画部局で実施されました。

その後、線引き、用途地域、都市施設といった都市計画決定は、おおざっぱに都市計画区域のなかの土地利用や施設を決めるのに加えて、市街地の実態に即して、詳細に土地利用や施設を定めることによって、質の高い市街地環境を整備することが求められました。

このため、用途地域や都市施設よりも、建築物の形態や用途などをより細かく決めたり、地区レベルでの小規模な施設や緑地を都市計画として定める「地区計画」という制度が、1980（昭和55）年に創設されました。

▶もっと勉強したい人のために

地区計画制定時の技術的な知見をよく踏まえているのは、日端康雄『ミクロの都市計画と土地利用』（学芸出版社、1989）です。

地区計画のイメージ図

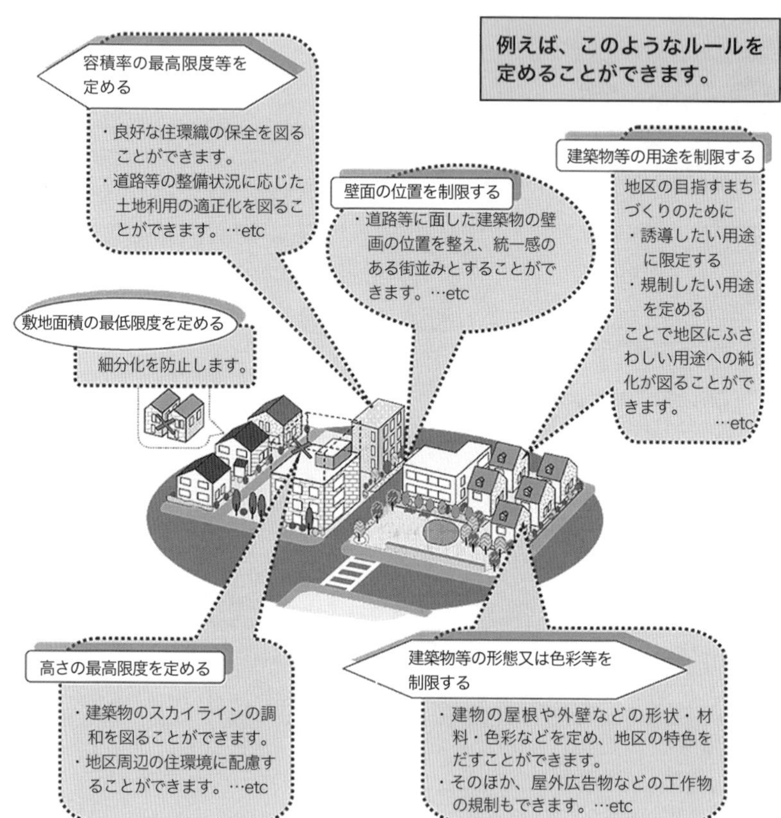

出典：東京都都市整備局HP
http://www.toshiseibi.metro.tokyo.jp/kenchiku/chiku/chiku_1.htm

Question 15

地区計画はどのような形で、進化していったのですか？

A　地区計画は、1980（昭和55）年に制定した本来の目的である、計画の詳細化を進める方向と、規制緩和の2つの方向があります。

このうち、ここでは、計画の詳細化の中身を説明します（規制緩和については、**Q17**（P32）で述べます）。

地区の事情に応じて詳細に計画を定めるという観点からは、1988（昭和63）年に農村集落で定める集落地区計画、1989（平成元）年に道路上で建築物を建てる場合（「立体道路」といいます。**Q28**（P50）参照）の受け皿としての地区計画、1992（平成4）年には市街化調整区域で例外的に開発を認めるための地区計画が創設されるなど、地区計画という仕組みの適用場面や適用目的が拡大していきました。

さらに、1992（平成4）年には密集市街地での防災機能を強化するための防災街区整備地区計画、2008（平成20）年には、歴史的なまちなみを保全するための歴史的風致維持地区計画が創設されています。

5 規制緩和の時代

Question 16

都市計画法に基づく規制緩和措置の最初は何ですか？

A 都市計画法は1968（昭和43）年に制定したときから、特定街区という制度があり、さらに、その翌年の都市再開発法の制定時に併せて、高度利用地区が創設されています。これらの制度は、用途地域で定めている容積率などを緩和する仕組みでした。

その後、しばらく規制緩和の制度は作られませんでしたが、「民活」というテーマで、民間事業者の都市開発を促進する観点から、1988（昭和63）年に大規模な工場跡地や鉄道操車場跡地などを前提にして、新たな道路などの公共施設の計画と一体的に容積率等を緩和する「再開発地区計画」という制度が**Q14**（P27）に述べた地区計画の一種として、創設されました。

この再開発地区計画が、純粋な意味での規制緩和措置の最初ということができます。

なお、再開発地区計画は、都市計画法の規定の整理の結果、現在は、「再開発等促進区を定めた地区計画」と呼ばれています。

▶もっと勉強したい人のために

『再開発地区計画の手引』（ぎょうせい、1989）が制定時における都市計画の具体的な決定の仕方を知るうえで有益です。

再開発地区計画のイメージ図

整備イメージ

（従前）

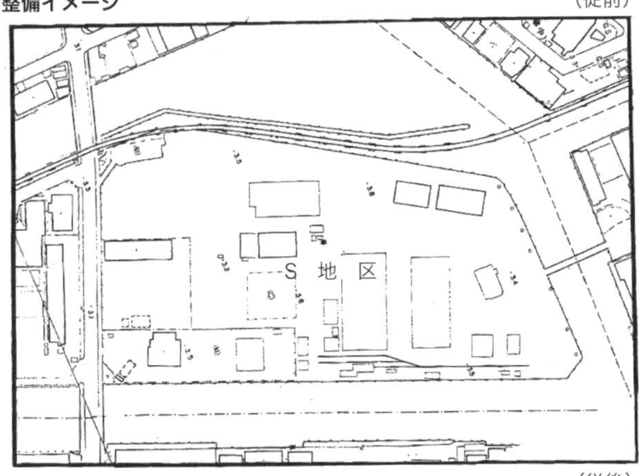

（従後）

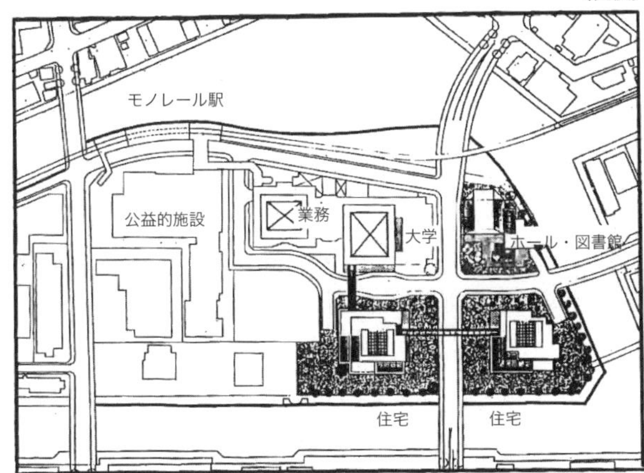

出典：『再開発地区計画の手引』（ぎょうせい、1989）P118

参照条文

都市計画法

第12条の5第3項、第5項、第6項（地区計画）

建築基準法

第68条の3第1項～第6項（再開発等促進区等内の制限の緩和等）

Question 17

その後の都市計画法の規制緩和措置はどのようなものができたのですか？

A 1995（平成7）年には、前面道路の容積率制限を緩和する「街並み誘導型地区計画」が創設されました。この地区計画は、中央区のほぼ全域に決定されるなど活用されています。

さらに、小泉純一郎内閣の際には、2002（平成14）年都市再生特別措置法によって、容積率、建ぺい率、高さ制限などを適用除外にして、新たに定める都市再生特別地区の内容に沿った建築物の建築を可能とする制度が創設されました。

都市再生特別地区は、大都市再生を積極的に進める観点から国と東京都など大都市と連携して創設されたものであることから、都市再生特別地区に基づいて建築される建築物については東京都環境影響評価条例の適用対象にするなど、地方公共団体が設けている独自規制についても、同時に規制緩和を実施しています。

現行規制による市街地イメージ

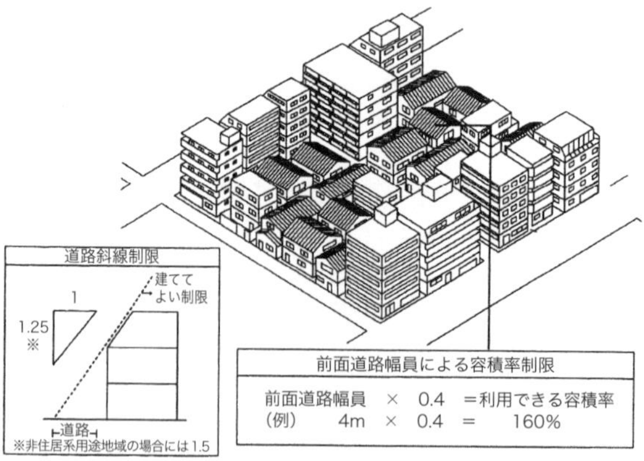

街並み誘導型地区計画による市街地イメージ

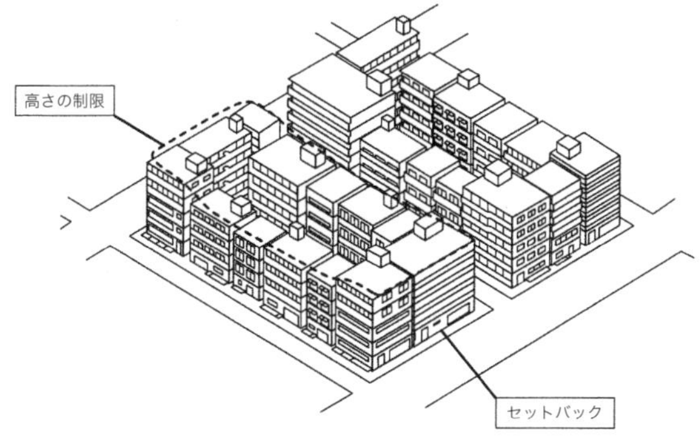

参照条文（街並み誘導型地区計画）

都市計画法

第12条の10（区域の特性に応じた高さ、配列及び形態を備えた建築物の整備を誘導する地区整備計画）

建築基準法

第68条の5の5（区域の特性に応じた高さ、配列及び形態を備えた建築物の整備を誘導する地区計画等の区域内における制限の特例）

都市再生地区の都市別決定状況

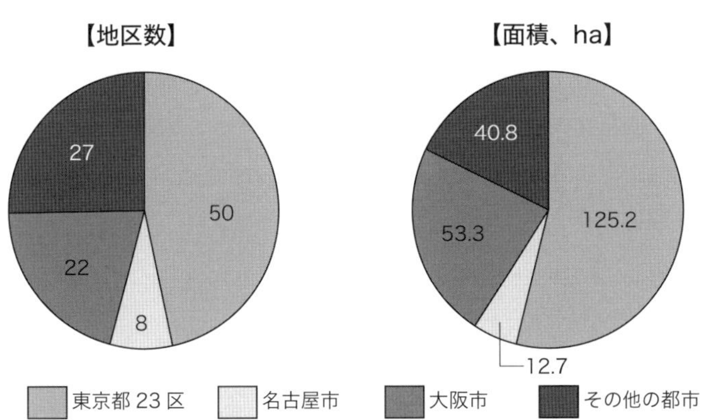

（備考）国土交通省「都市計画現況調査」令和3年調査結果に基づき筆者作成

参照条文（都市再生特別地区）

都市再生特別措置法

第36条（都市再生特別地区）

建築基準法

第60条の2（都市再生特別地区）

6 コンパクトシティの時代

Question 18

最初に郊外の開発を規制したのはいつですか？

A　1963（昭和43）年制定の現在の都市計画法自体が、市街化区域と市街化調整区域の区域区分を導入して、市街化調整区域での開発を抑制していました。この当初の区域区分導入の一番主立った理由としては、市街地が拡散して広がると、下水道や街路などの公共事業が効率的に実施できないことから、これを防ぐことにありました。

これに加えて、郊外での大規模商店の立地が中心市街地の衰退につながるという観点から、2006（平成18）年に用途地域に指定していない区域（用途地域はまちなかに指定していますので、指定していない区域とは郊外のことです）においては、床面積が1万㎡以上の店舗、飲食店などは立地できないことになりました。

さらに、1万㎡以上の開発行為に対しては、都市計画区域外であっても、知事等の許可を受けなければいけないことになりました。

大規模集客施設の立地可能な用途地域等の見直し

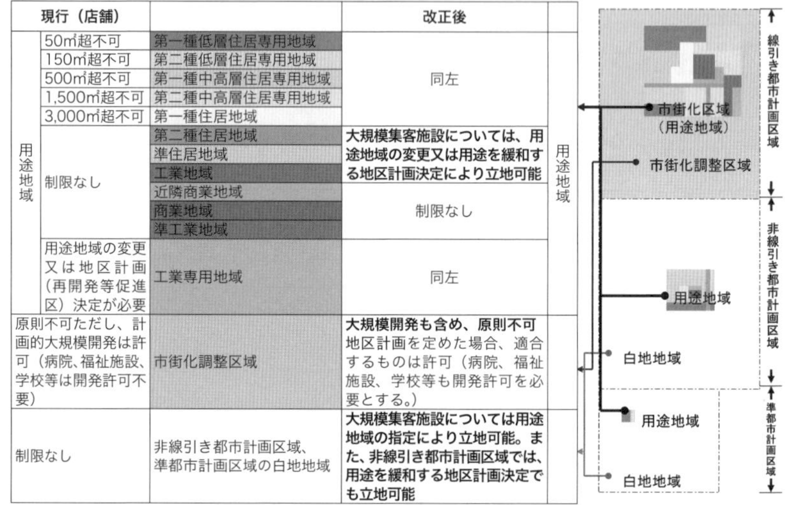

現行（店舗）			改正後	
用途地域	50㎡超不可	第一種低層住居専用地域	同左	用途地域
	150㎡超不可	第二種低層住居専用地域		
	500㎡超不可	第一種中高層住居専用地域		
	1,500㎡超不可	第二種中高層住居専用地域		
	3,000㎡超不可	第一種住居地域		
	制限なし	第二種住居地域	**大規模集客施設については、用途地域の変更又は用途を緩和する地区計画決定により立地可能**	
		準住居地域		
		工業地域		
		近隣商業地域	制限なし	
		商業地域		
		準工業地域		
	用途地域の変更又は地区計画（再開発等促進区）決定が必要	工業専用地域	同左	
原則不可ただし、計画的大規模開発は許可（病院、福祉施設、学校等は開発許可不要）		市街化調整区域	**大規模開発も含め、原則不可** 地区計画を定めた場合、適合するものは許可（病院、福祉施設、学校等も開発許可を必要とする。）	
制限なし		非線引き都市計画区域、準都市計画区域の白地地域	**大規模集客施設については用途地域の指定により立地可能。また、非線引き都市計画区域では、用途を緩和する地区計画決定でも立地可能**	

大規模集客施設：床面積1万㎡超の店舗、映画館、アミューズメント施設、展示場等。
※準工業地域では、特別用途地区を活用。特に地方都市では、これを中活法の基本計画の国による認定の条件とすることを基本方針で明記。

出典：国土交通省都市・地域整備局 都市計画課「改正都市計画法の運用について」
http://www.mlit.go.jp/crd/city/plan/unyou_shishin/pdf/unyou.pdf

▶もっと勉強したい人のために

『概説　まちづくり三法の見直し』（ぎょうせい、2006）が郊外開発を強化した制度内容を網羅しています。

Question 19

立地適正化計画とは何ですか？

A　高齢社会の対応、公共施設等管理のための都市財政負担の軽減、環境対策などの観点から、都市を集約化するため、2016（平成28）年に都市再生特別措置法のなかに立地適正化計画が位置付けられました。

立地適正化計画は、市街化区域のなかで、居住を誘導する区域と、さらにその内側に都市機能を誘導する区域を定めて、特に都市機能を誘導する区域での、福祉施設や商業施設などの立地に対して、国土交通省の補助によって支援を行う制度です。また、同時に公共交通網計画を策定することによって、コンパクト＆ネットワーク構造の都市構造へ誘導しようとするものです。

なお、都市計画法との関係では、立地適正化計画は市町村マスタープランの一部とみなされることとされています。

▶もっと勉強したい人のために

『コンパクトシティを実現するための都市計画制度』（ぎょうせい、2014)、『コンパクトシティ実践ガイド』（ぎょうせい、2017）は立法担当者、制度運用者の考え方がわかる本です。

立地適正化計画に批判的な本としては、蓑原敬ほか『白熱講義　これからの日本に都市計画は必要ですか』（学芸出版社、2014)、トマス・ジーバーツ『田園都市計画の展望』（学芸出版社、2004）が基本書です。

立地適正化計画のイメージ

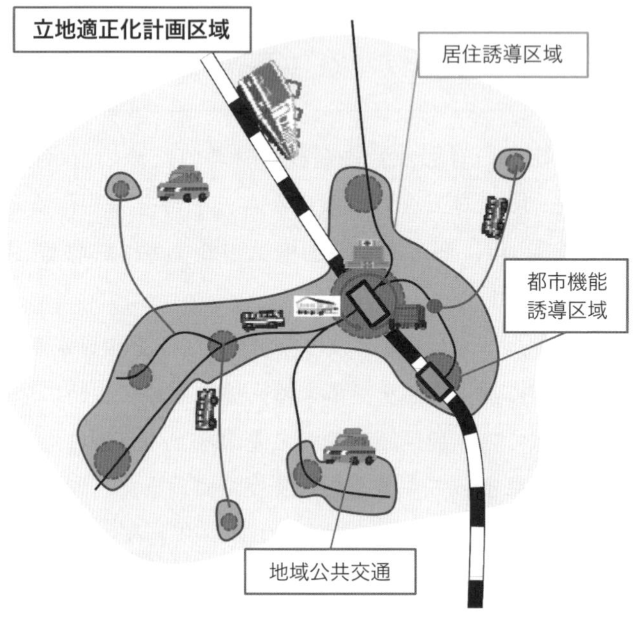

居住の誘導を図り一定の人口密度の維持を図ることが可能に。

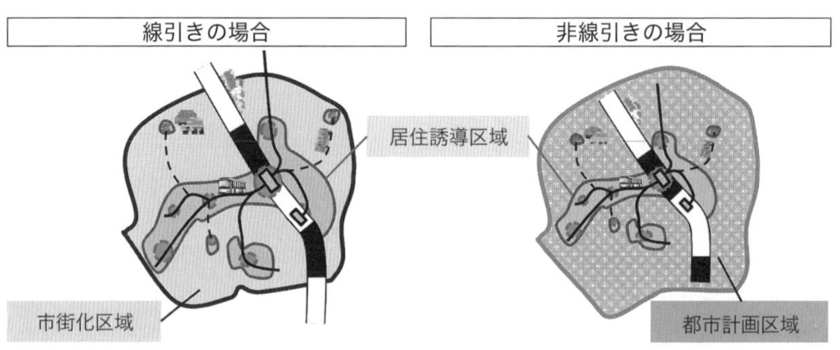

出典：国土交通省「みんなで進める、コンパクトなまちづくり」（都市再生特別措置法」に基づく立地適正化計画概要パンフレット）P2
http://www.mlit.go.jp/common/001050341.pdf

第3章

これだけは知っておきたい都市計画用語

この章では、都市計画を理解する上で、比較的日常用語ではない、一読しても理解しにくい用語を選んで説明します。また、都市計画の専門家のなかでよく使われている略語も取り上げます。

なお、都市計画用語について、もっと知りたい方は、『四訂　都市計画用語事典』（ぎょうせい、2012）を参照してください。

Question 20

「容積率」とはどういう意味ですか？

敷地面積に対する建物全部の床面積の合計面積の割合をいいます。容積率というのは世界共通の用語で、英語では、floor area ratio（FAR）といいます。

経緯からいうと、日本の建築物は、戦後は当時の建築技術水準から31mに限定されていたものの、建築技術の発展に伴い高層建築物の安全性が確保されたため、1968（昭和43）年に全面的に容積率規制が導入されました。

容積率規制の主な目的は、建築行為に伴う、道路、下水道などの社会インフラに対する過度な負荷を抑制することです。

なお、**Q20**「容積率」、**Q22**（P42）「建ぺい率」、**Q24**（P44）「斜線制限」、**Q25**（P45）「日影規制」についての用途地域ごとのメニューは、P100の表を参考にしてください。

容積率制限の考え方（容積率200%の場合の例）

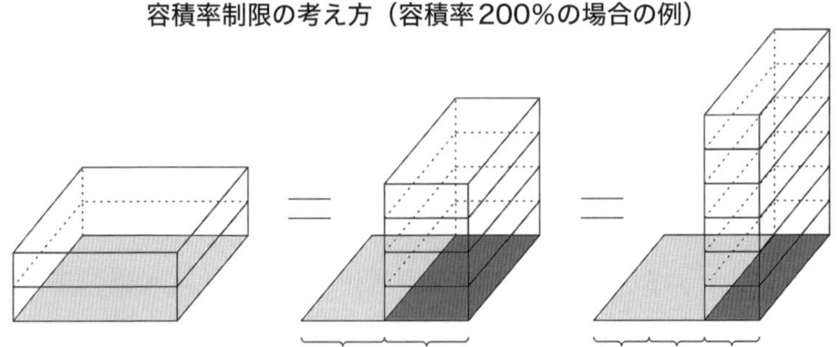

▶もっと勉強したい人ために

容積率は規制緩和の際に最も注目される規制です。その制度創設時の詳細な説明については、拙稿「容積率制度及び容積率特例制度の制度趣旨の分析について」土地総合研究2021年冬号を参考にしてください。

Question 21

「前面道路の容積率制限」とはどういう意味ですか？

A 前面道路の容積率制限とは、**Q20**（P40）に定める容積率が用途地域という面的な広がりで一律定められています。これに対して、建物の前面にある道路の幅員が狭い場合には、道路負荷が過大になることから、これをコントロールするため、住居系用途では原則0.4、それ以外では0.6を前面道路の幅員にかけたものを、容積率の条件とするということです。

例えば、第一種中高層住居専用地域で、用途地域の指定容積率が300％であったとしても前面道路が4mであれば、4×0.4で160％までの容積率しか建築できないということになります。

Question 22

「建ぺい率」とはどういう意味ですか？

建ぺい率とは、建坪の敷地面積に対する割合をいいます。建物の周辺の空地の確保を目的としています。

建ぺい率制限の考え方（建ぺい率50%の場合の例）

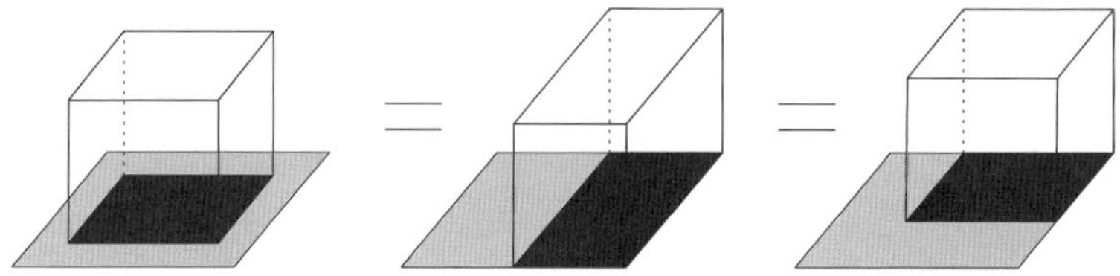

Question 23

「絶対高さ制限」とはどういう意味ですか？

A 建築物の絶対高さの制限は、第一種低層住居専用地域又は第二種低層住居専用地域に適用されるものです。建築物の高さは、原則として10m又は12mのうち、都市計画で定められた高さを超えてはならないこととされています。

なお、「絶対」という言葉がついているのは、次に述べる、斜線制限も一種の高さ制限なので、それと区別するために、慣例として使われています。

絶対高さ制限のイメージ図

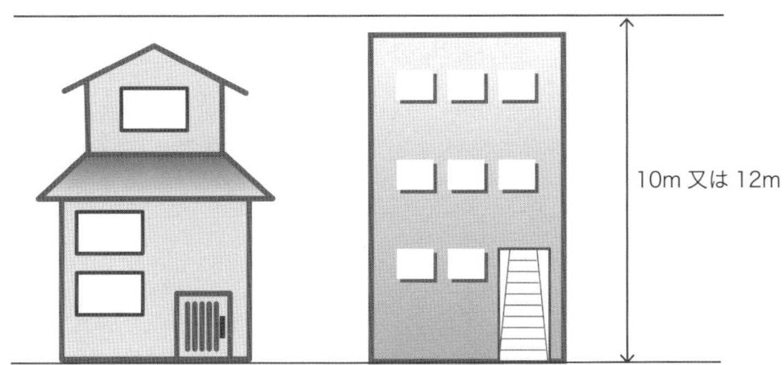

Question 24

「斜線制限」とはどういう意味ですか？

A 斜線制限とは、敷地の周囲にある道路、水路、隣地、河川や公園などから発生する架空の斜めの線による制限のことで、建物を設計する際には建物の高さがこれらの斜線を超えないようにしなければいけません。

具体的には、道路に沿った、通風、採光などのための開放空間の確保をするため、接する道路の反対側から立ち上がる道路斜線、隣地との圧迫感を抑制するために隣地との境界から立ち上がる隣地斜線、主に北側の建築物の採光を確保するために北側の境界から立ち上がる北側斜線の3つがあります。

北側斜線制限のイメージ図

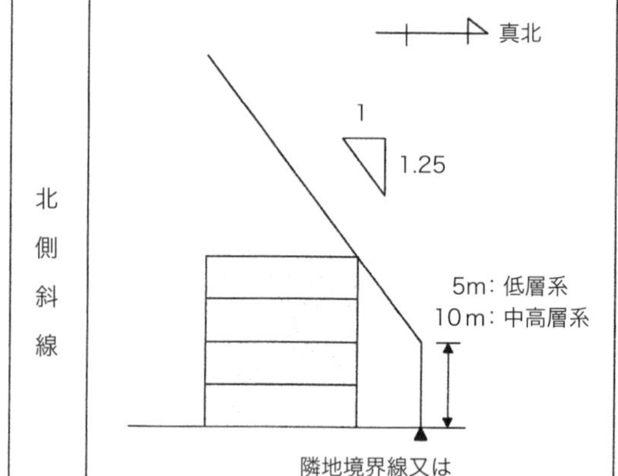

Question 25

「日影規制」とはどういう意味ですか？

A 日影規制とは、日照障害の問題に対応するため、1976（昭和51）年の建築基準法改正で導入されたものです。

原則として、商業地域、工業地域、工業専用地域以外の住宅環境保全を前提として日影規制はかけられますが、例外的に、商業地域、工業地域、工業専用地域に建つ建築物でも、高さ10mを超える建築物については、商業、工業、工業専用地域以外の対象区域に日影を発生させる場合は日影規制が適用されます。

具体的には敷地境界から、5m、10mの測定ラインを設定してそのラインを越えて一定以上の日影を生じさせないように建築物の形態を制限するものです。

日影制限のイメージ図

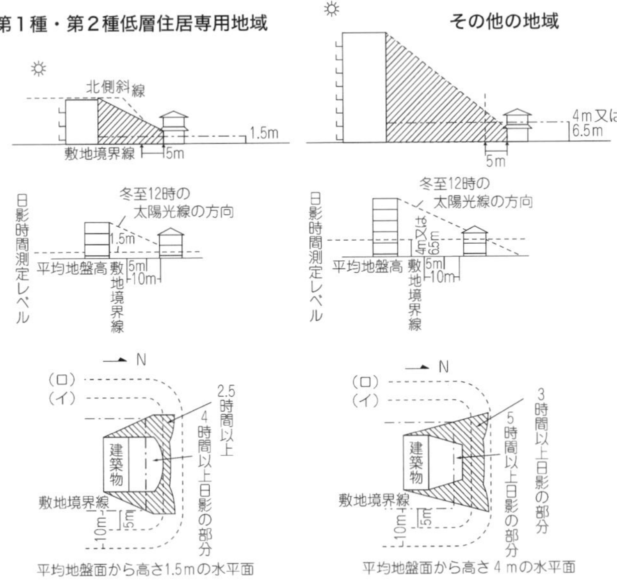

Question 26

「整開保」とはどういう意味ですか？

A 整開保とは、都市計画専門家のなかではよく使われる略語で、正式には、「都市計画区域の整備、開発及び保全の方針」といいます。都道府県知事(政令指定都市の場合には政令指定都市)が定める都市計画区域単位のマスタープランです。

また､最近では「都市計画区域マスタープラン」や「区域マスタープラン」などと略称する場合もあります。

最近では、都市計画区域よりもより広く県内全体の広域的な都市計画のマスタープランを、都市計画区域マスタープランの第1章を共通化することによって事実上策定する動きも広がっています。

参照条文

都市計画法

第6条の2（都市計画区域の整備、開発及び保全の方針）

都市計画区域マスタープランの項目例（静岡市）

目　　次

出典：静岡県静岡市HP
http://www.city.shizuoka.jp/000719932.pdf

Question 27

「都市マス」、「市町村マス」とはどういう意味ですか？

A 都市マス、市町村マスも略語です。正式には、「市町村の都市計画に関する基本的な方針」といいます。

大部分の都市計画決定権限をもっている市町村の将来的な都市計画のマスタープランを定めるものです。地区ごとの協議会を設置して丁寧に地元意見を反映させながら策定している市町村が増えています。

また、**Q19**（P37）で記述した立地適正化計画も、この都市マスの一部として見なされる性格のものです。

参照条文

都市計画法

第18条の2（市町村の都市計画に関する基本的な方針）

市町村マスタープランの項目例（藤枝市）

目　次

出典：静岡県藤枝市HP
http://www.city.fujieda.shizuoka.jp/ikkrwebBrowse/material/files/group/45/38089726.pdf

Question 28

「立体道路」、「立体都市計画」とはどういう意味ですか？

A 立体道路とは、道路法及び建築基準法で、道路内での建築物の建築が制限されていることを緩和するため、地区計画、建築基準法の特例、道路法の特例をセットにして道路内建築を可能とする仕組みです。

これに対して、都市公園などはそもそも道路法のように公園内の建築制限は存在しないため、都市計画決定の中身として、上下を区切って都市計画を行います。このように都市公園などの都市施設を立体的に都市計画決定することを立体都市計画といいます。

参照条文（立体道路）

都市計画法

第12条の11（道路の上空又は路面下において建築物等の建築又は建設を行うための地区整備計画）

建築基準法

第43条第1項柱書＋第2号（敷地等と道路との関係）

第44条第1項柱書＋第3号（道路内の建築制限）

道路法

第47条の7（道路の立体的区域の決定等）

第47条の8（道路一体建物に関する協定）

第47条の9（協定の効力）

第47条の10（道路一体建物に関する私権の行使の制限等）

参照条文（立体都市計画）

都市計画法

第11条第3項（都市施設）

立体道路を活用した虎ノ門ヒルズ

Question 29

「開発行為」とはどういう意味ですか？

A 開発行為とは、主として、①建築物の建築、②第一種特定工作物（コンクリートプラント等）の建設、③第二種特定工作物（ゴルフコース、1ha以上の墓園等）の建設を目的とした「土地の区画形質の変更」をいいます。この定義は、「開発許可」を受ける対象の行為の場合に使われます。

このため、通常の開発行為の語感で意味するところよりも、開発の目的が限定されています。例えば、農業開発などは開発行為にはあたりません。また、具体的に土地の区画形質という土地の具体的な形を変更しないとこれにあたりませんので、例えば、土地の境界変更などはこれにはあたりません。

参照条文

都市計画法

第4条第12項（定義）

Question 30

「建築物」とはどういう意味ですか？　また、「建築行為」とはどういう意味ですか？

A　建築物とは、都市計画法でも建築基準法の定義どおりの意味と考えています。具体的には、屋根と柱又は壁があるもので、門や塀も含みます。

建築行為も、建築基準法の定義と同じです。簡単にいえば、建築物を新築、増築、改築、又は移転することです。

参照条文

都市計画法

第4条第10号（定義）

建築基準法

第2条第1項第1号、第13号（用語の定義）

Question 31

「特定行政庁」とはどういう意味ですか？

A 建築主事という建築の専門職を置く市町村及び特別区の長、その他の市町村及び特別区では、都道府県知事を指します。

具体的には、すべての都道府県、及び政令で指定した人口25万人以上の市には建築主事の設置が義務付けられていますので、結果として、人口25万人以上の市では建築主事を置くため、市長が特定行政庁となります。

25万人未満の場合、都道府県と市町村の協議によって、知事か首長が特定行政庁になりますが、現実には、建築行政を主体的に実施するため、人口10万人以上の都市の多くで市長が特定行政庁となっています。

参照条文

建築基準法

第2条第1項第35号（用語の定義）

Question 32

「スプロール」とはどういう意味ですか？

A 市街地が無秩序に拡大し、農地と住宅が虫食い上に散在する、いわゆるバラ建ちを生じている状態をいいます。英語のsprawlをそのままカタカナで記述しています。

スプロールによって、下水道や道路などの公共投資の整備は非効率になること、農地と住宅が混在することによって、住環境の悪化につながることなどが問題としてあげられます。

Question 33

「駅広」とは何ですか？

A 駅広とは、駅前広場の略語です。

駅前広場とは鉄道駅前の設置される鉄道とバス、タクシー、乗用車との乗り継ぎを円滑にするために整備された広場のことです。

現在設置されている駅前広場は、国鉄時代の国鉄と建設省の協定により一定割合部分を鉄道事業者が所有、管理し、残りを地方公共団体が管理している場合が多いと思います。また、最近整備された駅前広場は、全部、地方公共団体が国の支援を受けて整備したものも多いです。

コラム

駅前広場の管理主体はどうなっていますか？

駅前広場は、旧国鉄駅、現在のJR駅とそれ以外の私鉄駅とでは、整備状況や管理実態がかなり異なります。

駅前広場は、旧国鉄時代に整備したものでは、鉄道事業者と市町村（場合によっては都道府県）がそれぞれ分担して整備し、管理していました。その後、1987（昭和62）年の国鉄民営化に伴い、建設省と運輸省が協定を結び、鉄道駅から6分の1までをJRが、それより先の6分の5を市町村等が整備し、それぞれが管理することになりました。さらに、市町村等が管理する部分は道路法に基づく道路区域を設定しています。

これに対して、私鉄では、このような約束事がありませんでしたので、そもそも駅前広場が整備されていない場合もあります。また、市町村等がすべて整備し、管理しているものもあります。

さらに、最近では、JRの負担が見込めないことから、JR駅の駅前広場であっても、市町村等が全体を整備するケースもでてきており、この場合でも社会資本整備総合交付金の支援を受ける事例がでてきています。

今後は、既に整備されている駅前広場について、駅前という好立地に伴う経済的なポテンシャルから、何らかの収益事業に活用することもありえると思います。その場合には、今ある駅前広場がJRの駅なのか、私鉄の駅なのか、さらにいつごろ整備された駅前広場なのかをよく調査して、管理主体を考えながら、有効利用を考える必要があります。

駅前広場をJRと地方公共団体で管理している例

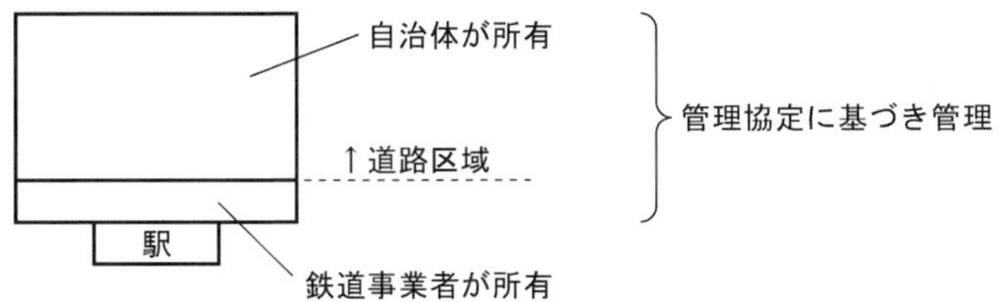

出典：国土交通省「交通事業者による交通結節点の利用について」
http://www.mlit.go.jp/sogoseisaku/kondankai/fourth/two.pdf

Question 34

「連立」とは何ですか？

A 連立とは、連続立体交差事業の略語です。

連続立体交差事業は、踏切が連続している鉄道の区間を一体的に高架化又は地下化して多数の踏切除却と道路と鉄道の立体交差を実現する事業です。

都市計画事業として実施され、国から社会資本整備総合交付金（**Q37**（P63）参照）の支援が受けられます。

なお、この事業は、鉄道高架事業ともいわれますが、事業の施行者は都道府県など地方公共団体であって、鉄道事業者ではありません。

参照（都市計画運用方針）

Ⅳ−2−2　都市施設

Ⅱ）施設別の事項

A−3．都市高速鉄道

⑶　連続立体交差事業に係る鉄道に関する都市計画

連続立体交差事業は、鉄道による市街地の分断を解消すること等により市街地形成に大きな影響を及ぼすものであり、当該事業に係る鉄道は都市高速鉄道として都市計画に定めるべきである。この場合、都市高速鉄道の都市計画の決定と併せて、交差する幹線街路について、交差形式や幅員の見直し、必要な路線の追加を行うとともに、関連側道の決定、駅周辺における駅前広場を中心とする道路、自動車駐車場、自転車駐車場、その他必要な都市施設の決定と土地利用の見直しを行うことが望ましい。

また、特に駅周辺において、相当規模の鉄道跡地が発生し、この鉄道跡地を活用して都市の重要な機能を担う拠点の形成を行うことが可能となる場合も多いので、その場合には、都市基盤施設と宅地等の一体的な整備を図るため、市街地開発事業を都市高速鉄道の都市計画決定と同時に定めることが望ましい。

連続立体交差事業のイメージ図

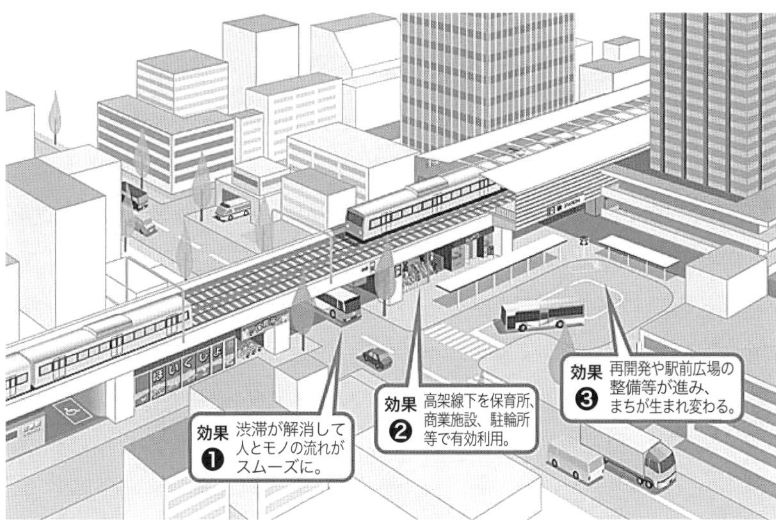

出典：東京都建設局HP
http://www.kensetsu.metro.tokyo.jp/jigyo/road/kensetsu/gaiyo/00.html

Question 35

「開発利益」とは何ですか？

A 開発利益とは、道路や下水道など都市基盤施設を整備した場合に、その周囲に生じる土地価格の上昇分を意味します。経済学用語としては、外部経済効果などともいいます。

都市基盤整備のための財政が十分に確保できない時代となってきたことから、次に述べる受益者負担金などによって開発利益を受けた者から費用が回収できないかが、課題となっています。

Question 36

「受益者負担金」とは何ですか？

A 都市基盤施設を整備した場合に、それによって著しく利益を受ける土地所有者に対して負担させる金銭のことをいいます。

具体的に受益者負担金を徴収している事業としては、戦前は街路事業などがありましたが、戦後は、受益の有無がその接続で明らかになる下水道事業が中心でした。しかし、近年、市町村の財政難を背景にして、次のページの図のとおり、受益者負担金条例の制定が増加しています。特に、条例に根拠をもつ受益者負担金条例については、道路沿いの照明灯の費用負担を求めるもの、地区の建物建築の費用負担を求めるものなど、工夫をこらしているものがあります。

なお、次のページの図の原因者負担金は民間開発などによって行政に追加的な費用負担を発生させる場合に民間側に負担を求めるもので、概念的には受益者負担金とは異なるものです。ただし、都市開発、再開発などに伴って行政側に発生する費用負担を民間に求める制度として重要になってきました。

上記の開発利益の回収という観点からも、都市の財源不足を補うという観点からも、受益者負担金その他の負担金の活用は、今後の大事な課題です。

参照条文（受益者負担金）

都市計画法

第75条第1項、第2項（受益者負担金）

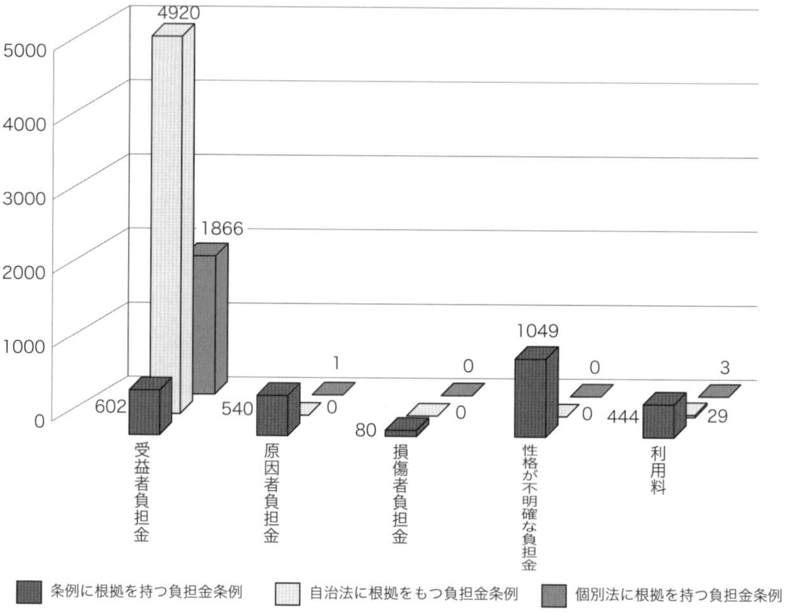

（出典）拙稿「地方公共団体が制定した負担金条例の実態と制度改善提案について」土地総合研究2020年秋号参照。

Question 37

「社会資本整備総合交付金」とは何ですか？

A 国土交通省が所管する地方公共団体向けの補助金をまとめて1つの交付金制度にしたものです。対象となる事業は、道路、都市公園、下水道、市街地整備、住宅、海岸などです。

ハード整備に加え、それに関連するソフト事業も支援対象となることに特徴があります。

現在は、従来の社会資本整備総合交付金の一部が、防災目的のための防災・安全交付金になっています。

社会資本整備総合交付金と防災・安全交付金の対象事業

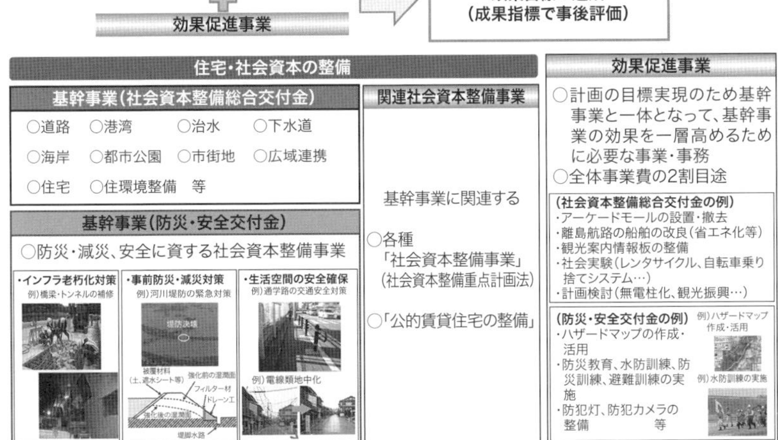

出典：国土交通省「社会資本整備総合交付金と防災・安全交付金」
http://www.cas.go.jp/jp/seisaku/gyoukaku/h25_fall/pdf/kokkou(kokudo).pdf

Question 38

「間接補助」とは何ですか？

A 間接補助とは、地方公共団体が事業を行う企業などを補助する場合に、その一定割合を補助する仕組みをいいます。それに対して、国が事業を行う企業に直接補助する仕組みは直接補助といいます。

都市計画に関係する補助や交付金は、地方公共団体が事業計画や都市計画に関与することから、間接補助が原則です。社会資本整備総合交付金（**Q37**（P63）参照）の支援も間接補助方式です。

Question 39

「都市計画運用指針」とは何ですか？

A 都市計画法は、従来、機関委任事務として所管大臣が発出した通達に地方公共団体は拘束されていましたが、1999（平成11）年の地方分権一括法で機関委任事務が廃止されたことによって、従来の通達はその効力を失いました。

その代わりに地方自治法第245条の4の規定に基づき、都市計画法を運用する地方公共団体に対する技術的助言として発出されているのが、都市計画運用方針です。

この運用方針は技術的助言ですので、地方公共団体を拘束するものではありません。しかし、法律立案者である国土交通省が守ることを期待する程度が大きいものから、小さいものについて、語尾が「〜すべきである、〜すべきでない」「〜が望ましい、〜が望ましくない」「〜ことが（も）考えられる」などと書き分けられています。

その点については、注意が必要です。

また、政策課題対応型都市計画運用指針も重要です。

最新の都市計画運用指針（2022.4.1）等のURLは以下のとおりです。

https://www.mlit.go.jp/toshi/city_plan/content/001475599.pdf

参照（都市計画運用指針）

Ⅰ．運用指針策定の趣旨

（注）本指針の策定の趣旨は、本章に示したとおりであり、地方自治法（昭和22年法律第67号）第245条の4の規定に基づき行う技術的な助言の性格を有するものである。したがって、法第18条第3項の規定に基づき都道府県が決定する都市計画について国土交通大臣が協議を受ける場合に、当該都市計画が同意をすべきものであるかどうか国土交通大臣が判断する視点を示しているものではない。

第4章

都市計画図書の見方

都市計画は、基本は法律で決まっていますが、現実の都市にあてはめた姿は、都市計画図書に示されています。これが実際どういうもので、どうしたら手に入るかについて説明します。

Question 40

都市計画の図書はどういう内容なのですか？

A 都市計画の図書は、都市計画の目指す将来の姿や目的を明らかにした、市町村マスタープラン（基本は文章と都市構造などを示す図面で構成されています。）、市全域の都市計画の内容を示す総括図（だいたい2.5万分の1の縮尺図面で広げると市町村の都市計画の全部が載っている図面です。）と、2500分の1の都市計画図からなっています。

2500分の1の計画図が一番正確な図面です。用途地域の境界や都市計画決定された都市施設の境界を正確に確認するためには、その図面を確認する必要があります。

なお、都市計画総括図は、用途地域や公園などがカラーで印刷されていますが、これは都市計画決定権者の計画意図が表れているものです。実際の都市の用途構成や施設整備のおおむねの位置を表したもので、正確性には欠けていることがある点には注意が必要です。

都市計画総括図の例（沼津市都市計画総括図）

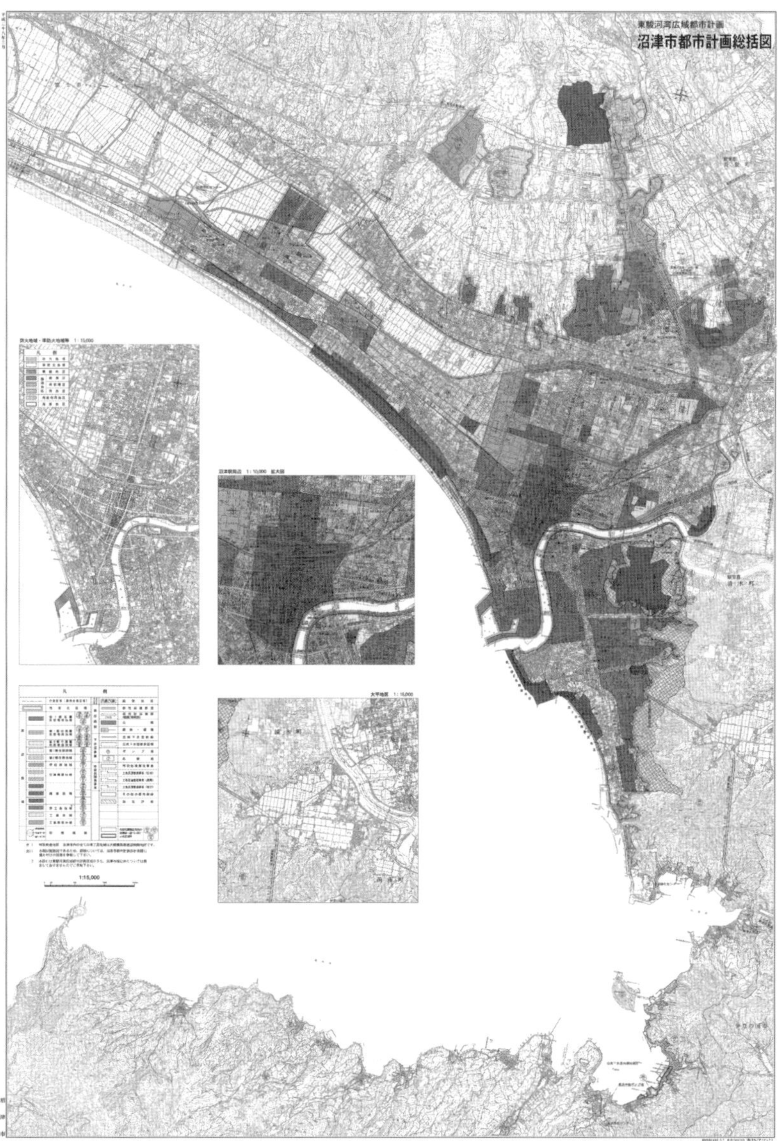

出典：静岡県沼津市HP　http://www.city.numazu.shizuoka.jp/shisei/keikaku/various/toshikei/naiyou/img/soukatuzu2.pdf

都市計画図の例（静岡市静岡高校付近の都市計画図）

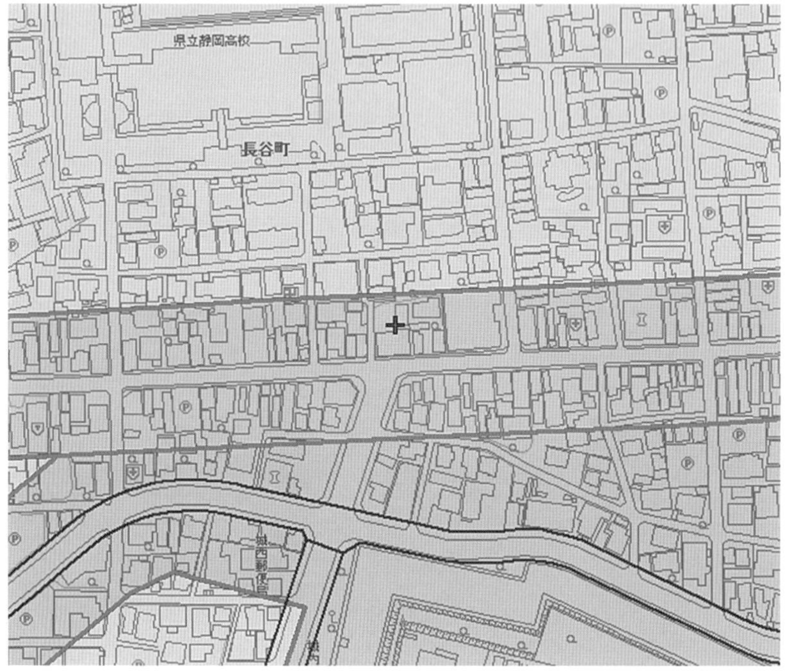

出典：静岡県静岡市HP

Question 41

都市計画図書のGIS化は、どういう位置付けなのですか？

A 都市計画決定の内容については、次のページの図のとおり、都道府県によってばらつきがあるものの、6割強の市町村が都市計画図GIS化を進めています。

「情報通信技術を活用した行政の推進等に関する法律」第8条に基づいて、いままで紙で行ってきた縦覧などについて、電磁的記録によって行うことができると定められていますので、都市計画法に基づく、正式の公告縦覧図書について、GISデータで行うことも可能です。しかし、現状では、まだ、GISデータの精度などの課題があり、また、都市計画法施行規則第9条の都市計画図書の規定でも紙図面が前提となっていることから、正式の図書ではなく、参考となる図書としての位置付けに止まっています。

今後、デジタル化の進展、さらに、plateauのための補助制度などが創設されたことから、飛躍的にGIS化が進むと思われます。

都道府県別の都市計画図GIS化の状況

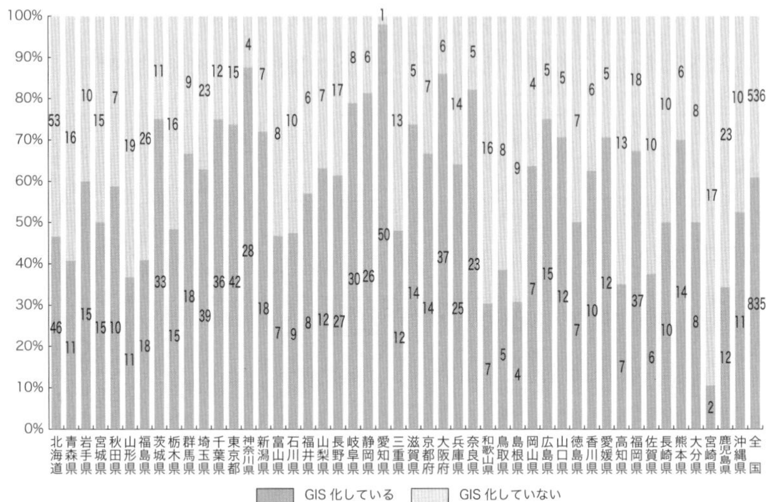

出典：拙稿「市町村が保有する都市計画データベースのデジタル化の実態について」土地総研リサーチ・メモ2021年1月29日

参照（都市計画運用指針）

Ⅲ．都市計画制度の運用に当たっての基本的考え方

Ⅲ−2　運用に当たっての基本的考え方

6．情報提供の促進

都市計画の図書として作成されている総括図、計画図、計画書について、可能な限り、常に住民が容易に閲覧・入手が可能な状態にしておくことが望ましい。この場合、地域の実情に応じて、都市計画情報の整備（地理空間情報としてのデジタル化を含む。）、都市計画図書の管理の充実、都市計画情報センターの設置等の措置をとることが望ましい。

コラム

plateau（プラトー）

plateauとは、まちづくりDXのデジタルインフラとして、3D都市モデルの整備・活用・オープンデータ化を進めることを内容として国土交通省が進めているプロジェクトの名称です。

具体的には、3次元の立体的な空間データをする事業ですが、その前提として、2次元の都市計画基本図、都市計画基礎調査、都市計画図などをデジタル化して、これらと一体的に3次元データを整備していきます。

当初は国土交通省の直轄事業として整備してきましたが、2021年度からは、3D都市モデル整備・活用等に関する事業を実施する都道府県、市町村に対して、その費用の2分の1を補助する「都市空間情報デジタル基盤構築支援事業」が創設されています。

この補助制度では、3D都市モデルの前提となる2次元のデータ収集、整備も補助対象となっていることから、plateau構築を契機にして、都市計画決定情報のGIS化が進むことが期待されます。

出典：国土交通省HPのplateau部分

Question 42

都市計画図書の入手方法はどうしたらいいですか？

A 人口規模の大きな市では、HPで入手することが可能です。

ただし、HPで見つからない場合であっても、都市計画図書は公開が市町村に義務付けられているので、市町村役場に行って、都市計画担当課を訪ねれば、都市計画図を少なくとも閲覧することは可能です。

また、多くの市町村では都市計画総括図は有料で販売されています。

第2部
ざっくり都市計画関連法

第1章

都市計画法

この章では、都市計画関連法のなかで中心となる都市計画法について、都市計画が定める前提となる「都市計画区域」「都市計画の内容」、さらにそれぞれの都市計画の内容ごとにその「実現方法」を述べます。

1-1 都市計画区域のポイント（基礎編）

Question 43

都市計画区域とは何ですか？

A 都市計画区域は、土地利用、都市施設、市街地開発事業という都市計画をフルセットで定めることができる、いわば都市計画の前提となる区域です。

その定め方は、都市の実態に即して定めることとされています。このため、複数の市町村の行政区域を越えて、指定されることもあります。

最新の都市計画区域の決定状況をみると、全国土の27.2％に指定され、その区域内に日本の全人口の94.5％が居住しています。

（2021年3月31日現在）

都市計画区域数	都市計画区域面積（a、km²）	都市計画区域内人口（b、千人）	国土面積（c、km²）	全国人口（d、千人）	区域面積比率（a/c、％）	区域人口比率（b/d、％）
998	102,763	119,646	377,962	126,654	27.2%	94.5%

参照条文

都市計画法

第5条（都市計画区域）

コラム

準都市計画区域とは何ですか？

準都市計画区域とは、都市計画区域の外で、土地利用に関する都市計画だけを定めることができる区域です。

都市施設、市街地開発事業など国から支援を受ける対象事業が存在しないため、あまり多くは活用されていません。2021（令和3）年3月末の時点で、47区域が指定されています。

参照条文

都市計画法

第5条の2（準都市計画区域）

都市計画区域の外に都市計画を定めることは全くないのですか？

実は、都市計画区域の外でも、道路や公園、ごみ処理施設などの都市施設を都市計画決定することはできます。特に、ごみ処理施設の場合には、ある市町村が他の市町村の区域内に都市施設を都市計画決定することもあります。

この場合には、ごみ処理施設を主に利用する市町村が都市計画決定の手続きをしますが、ごみ処理施設を受け入れる市町村においても、住民参加手続きを行い、市町村都市計画審議会の意見を聞くなどの手続きをとることが適切です。

参照条文

都市計画法

第11条第1項柱書（都市施設）

Question 44

都市計画区域は誰がどのようにして指定するのですか？

A 都市計画区域は、都道府県が定めます。その際に、関係する市町村と都道府県都市計画審議会の意見を聞くとともに、国土交通大臣と協議し、その同意を得ることが必要です。

特に、国土交通大臣の同意を得ることとしているのは、都市計画区域の指定は、都市計画法という法律が実際に施行される区域、すなわち法の適用範囲を定める行為であり、国の立法行為に準じるなどの理由からです。

都市計画区域の内訳（ha）

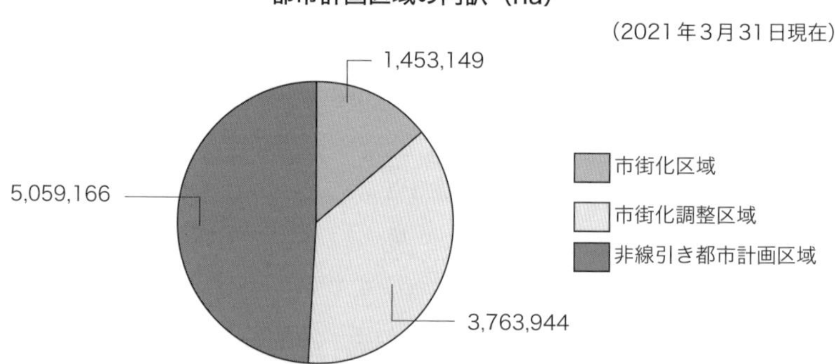

参照条文

都市計画法
第5条第3項、第4項（都市計画区域）

▶もっと勉強したい人のために

『都市計画法の運用Q&A』（ぎょうせい）の第5条の解説に、より詳細な国土交通大臣の同意の必要性について述べていますので、参照してください。

Question 45

都市計画区域の効果は何ですか？

A　都市計画区域に指定されると、そのなかで、一定規模以上の土地を開発する場合に、その開発主体は、知事又は指定都市等の長の開発許可を受けなければいけなくなります。

また、都市計画区域内で建物を建てるときには、建築主は、接道義務（4m以上の道路に2m以上接道すること）、用途規制（住宅、工場などの建物の用途の規制）、形態規制（容積率、建ぺい率、絶対高さ制限、斜線制限）などの基準を満たした建築計画を作成して、建築確認を受けなければなりません。

1-2 都市計画区域をもっと詳しく（応用編）

1-2-1 都市計画区域の指定要件

⑴ 都市計画区域の一般的な指定要件

都市計画区域の指定要件は、市又は、町村であって都市計画法施行令第2条に定めている都市化の条件（人口1万人以上で、かつ、商工業など都市的業態に従事する者の割合が50％以上であることなど）に該当する区域を、市町村の行政区域にこだわらず、都市化の実態及び都市化の予測に基づき指定することになっています。

⑵ 被災地における都市計画区域の指定の必要性

この指定要件のうち、今後の人口減少のなかでは、特に、「火災、震災その他の災害により当該町村の市街地を形成している区域の相当数の建築物が滅失した場合」（都市計画法施行令第2条第1項第5号）が、重要になってくると考えます。

例えば、阪神・淡路大震災のときに、当時の北淡町で都市計画区域を震災後指定したことが参考になると思います。北淡町は漁村で阪神・淡路大震災を被災した時点では都市計画区域は指定されていませんでしたが、復興のために都市計画事業として土地区画整理事業を実施するために、必要となる都市計画区域を指定しました。

北淡町の富島土地区画整理事業の事業計画図

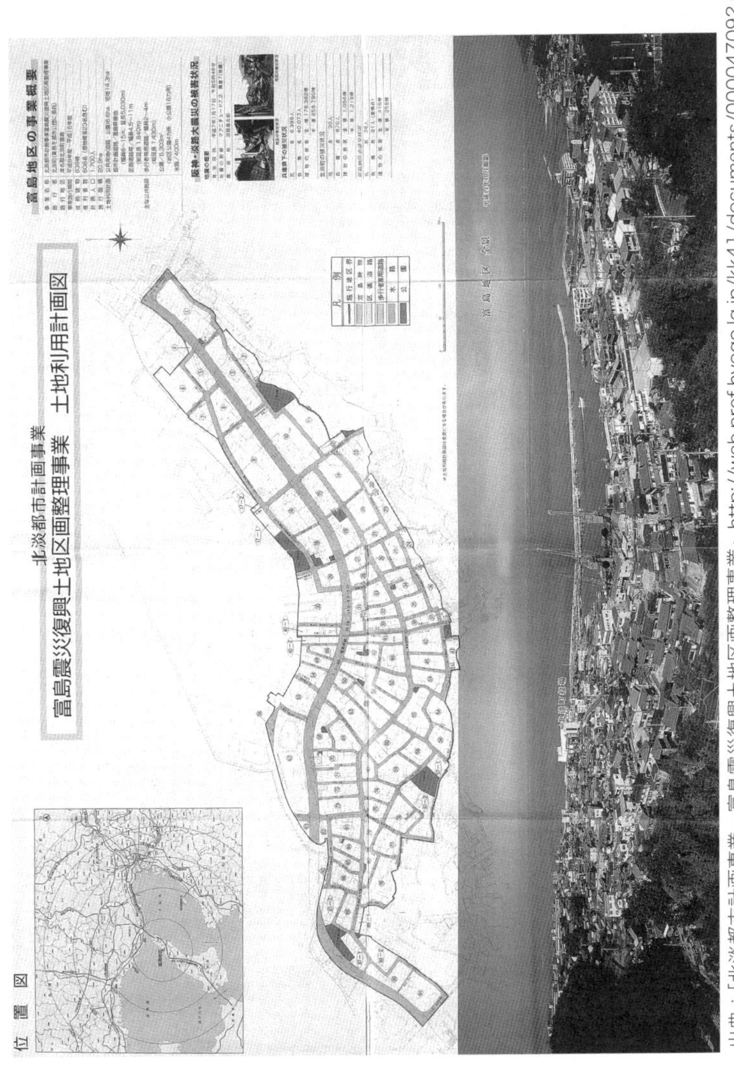

出典：「北淡都市計画事業—富島震災復興土地区画整理事業」http://web.pref.hyogo.lg.jp/kk41/documents/000047092.pdf

参照条文

都市計画法
第5条第1項、第2項（都市計画区域）
都市計画法施行令
第2条（都市計画区域に係る町村の要件）

1-2-2 都市計画区域の変更にあたっての留意点

⑴ 都市計画区域の新規設定の必要性

日本全体の総人口が減少する時期にあっては、新しく住宅市街地を開発することに伴う都市計画区域の設定は、今後は原則想定されません。

⑵ 都市計画区域の観光開発に伴う必要性

なお、地方創生という観点から、観光開発のために新しく開発が行われることは今後も予想されます。例えば、ホテルやリゾートマンションの林立による景観阻害などをきちんと抑制するために、都市計画区域の新規設定は検討すべきでしょう。

⑶ 市町村合併に伴う都市計画区域の変更の必要性

現在、潜在的に問題となっているのは、市町村合併に伴い、従前の行政区域ごとに定められていた都市計画区域の扱いです。

原則は、市町村合併自体の目的の一つが効率的な都市経営であることから、合併に伴い都市計画区域も一体化して総合的に都市計画を立案していくことが原則です。

しかし、実際には、それぞれの都市計画区域が対象としていた区域の経済的状況が異なる場合や、そもそも地理的に隔絶されている場合など、一体的総合的に都市計画を考えることはふさわしくない場合には、別々の都市計画区域として存在することも認められると考えます。

特に、近年課題となっているのは、本来は一体的総合的に都市計画をする必要があるものの、一方の都市計画区域が線引き（市街化区域と市街化調整区域の区域区分）しており、もう一方の都市計画区域が非線引きの場合です。この場合に、「非線引き都市計画区域」を「線引きする都市計画区域」として一体化した場合には、建築行為、開発行為の規制が強化される地区がでてくるため、地権者調整に時間がかかります。

このため、当分の間は、それぞれの都市計画区域を併存することもやむをえません。しかし、今後は一層効率的な都市経営が求められていくことから、郊外でのバラ建ちを防ぐ線引きの適用範囲を拡げていく方向で考えるのが筋と考えます。

参照（都市計画運用指針）

Ⅳ. 都市計画制度の運用の在り方

Ⅳ－１　都市計画区域及びマスタープラン

Ⅳ－１－１　都市計画区域

１. 都市計画区域の指定に関する基本的な考え方

(1)

この際、近年、商業施設やレジャー施設などの大規模施設あるいは廃棄物処理施設などが郊外部の土地や山間部などに散発的に立地する傾向があることから、これらに適切に対応できるよう、当該地域を一体の都市として総合的に整備、開発及び保全する必要がある区域に含めるべきかどうかについて勘案した上で、含めるべき地域については都市計画区域を指定することが望ましい。なお、それ以外の土地利用の整序又は環境の保全が必要な地域については準都市計画区域を指定することが望ましい。

Ⅳ．都市計画制度の運用の在り方

Ⅳ－１　都市計画区域及びマスタープラン

Ⅳ－１－１　都市計画区域

1. 都市計画区域の指定に関する基本的な考え方

⑵

このとき、市町村が合併した場合の都市計画区域の指定は、当該合併後の市町村が同一の都市圏を形成している場合には、合併後の市町村区域が、同一の都市計画区域に含まれるよう指定を行い、一体の都市として総合的に整備、開発及び保全を行うことが望ましいが、

① 合併前の各市町村の区域をめぐる社会的、経済的状況等地域的特性に相当な差異がある。

② 地理的条件等により一体の都市として整備することが困難であること等により、同一の都市計画区域に含めることがふさわしくない場合には、実質的に一体の都市として整備することが適切な区域ごとに、複数の都市計画区域に含めて指定することも考えられる。また、区域区分を行っている都市計画区域を有する市町村と、区域区分を行っていない都市計画区域を有する市町村が合併した場合、当面の間、それぞれの都市計画区域をそのまま存続させることも考えられる。

2-1 都市計画の内容のポイント（基礎編）

Question 46

都市計画区域で定める都市計画とは何ですか？

A 都市計画区域で定めることができる都市計画とは、市街化区域と市街化調整区域の区域区分（いわゆる「線引き」）、用途地域、地区計画などの土地利用に関する計画、道路、公園などの都市施設に関する計画と、土地区画整理事業などの市街地開発事業に関する計画の3つの計画です。

都市計画の体系

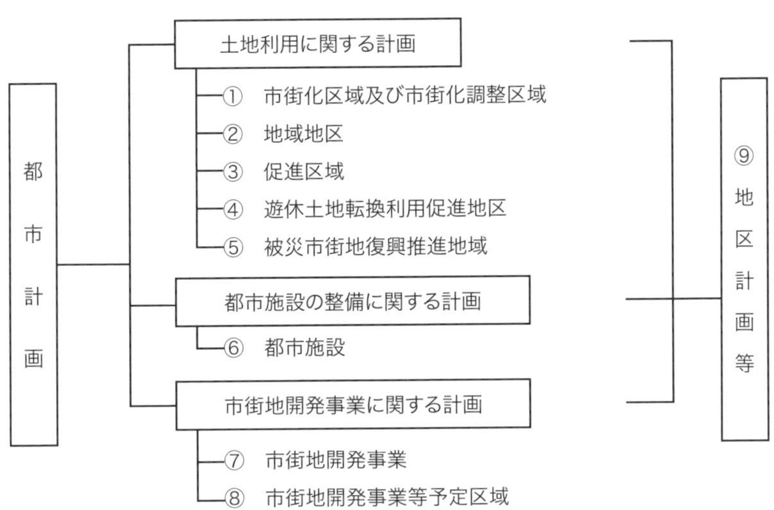

コラム

都市計画の特徴である、「一体的・総合性」とはどういう意味ですか？

地方公共団体が定める計画は法律に基づくものだけでも各種あります。

このなかでも、都市計画は、まず、土地の開発行為や建築物の建築行為について、強制権限を背景にして具体的に国民を規制するという効力を持つという意味で特徴があります。

さらに、土地の開発行為などを規制する森林法や農業振興地域の整備に関する法律に比べても、具体的に都市施設を都市計画決定して、収用権をもって買収する都市計画事業や、土地の区画形質を個々の土地所有者の意向に反してでも改変し、また、建物への等価交換を強制する制度（土地区画整理事業や市街地再開発事業など）を持っている点で、我が国の計画制度でも唯一の特徴を持っています。

このように、土地利用に関する計画、都市施設に関する計画、市街地開発事業に関する計画を一つの図面上で一体的・総合的に定めるという意味で、都市計画は、極めて実効性の高い計画であるといえます。

この都市計画の優れた一体的・総合的な計画を前提として、土地収用の対象事業が、土地収用法よりも拡大されています。例えば、一団地の復興拠点市街地形成施設は都市施設の１つで都市計画決定すれば収用対象となりますが、土地収用法には該当する事業はありません。

参照（都市計画運用指針）

Ⅲ．都市計画制度の運用に当たっての基本的考え方

Ⅲ－２　運用に当たっての基本的考え方

1．総合性・一体性の確保

都市計画は農林漁業との健全な調和を図りつつ、健康で文化的な都市生活及び機能的な都市活動を確保するために定められるものであり、この目的の実現に向け、必要と考えられる事項の全てに配慮して、個々の都市計画が総体として定められるものでなければならない。また、定められる個々の都市計画の内容が、土地利用規制と都市施設の計画との連携等、一体のものとして効果を発揮し得るよう総合的に決められることが必要である。

また、都市は固定的でなく、社会経済状況の変化の中で変化するものである以上、目指すべき都市像を実現するために、不断の変更も含めて新たな都市計画が決定されていくという動的な性格を有していなければ、その機能が十分に果たされるものではないと言えよう。そして、新たな都市計画の決定は、総体としての都市計画という観点から、その都度、総合性・一体性が確保されているか吟味されるべきものである。特に、今後の安定、成熟した都市型社会では、限られた都市空間について、地域の実情にあわせていかにその利用の適正な配分を確保するかとの視点が重視されてくるものと考えられ、これまで以上に都市計画の総合性・一体性の確保に意を用いていく必要がある。

マスタープランと個々の都市計画の関係は？

都市計画は具体的に土地所有者等の権利を制約する効果を持っているものが原則ですが、そのほか、個々の都市計画を将来定めるにあたってこれを拘束するものの、直接には土地所有者等の権利制限の効果を持たない計画があります。これを通称、マスタープランといいます。

日本では、市町村の都市計画の前提となる「市町村の都市計画に関する基本方針」（通称、「都市マス」や「市町村マス」などと呼びます。）が重要です。

なお、マスタープランと土地所有者等への具体的な効果を持つ都市計画との二段構成は、ドイツのFプランとBプラン、フランスのSCOTとPLUなど、比較的多くの先進国で共通に見られる制度的な枠組みです。

参照（都市計画運用指針）

Ⅳ．都市計画制度の運用の在り方
Ⅳ－１　都市計画区域及びマスタープラン
Ⅳ－１－２　マスタープラン

このため、マスタープラン（「都市計画区域マスタープラン」、「市町村マスタープラン」及び「立地適正化計画」をいう。以下同じ。）においては、それぞれ住民に理解しやすい形であらかじめ中長期的な視点に立った都市の将来像を明確にし、その実現に向けての大きな道筋を明らかにしておくことが、極めて重要であり、そうした機能の発揮こそマスタープランに求められているといえよう。

マスタープランにおいて、どのような都市をどのような方針の下に実現しようとするのかを示すことにより、住民自らが都市の将来像について考え、都市づくりの方向性についての合意形成が促進されることを通じ、具体の都市計画が円滑に決定される効果も期待し得るものである。

都市計画のマスタープランよりも上位のマスタープランってあるのですか？

法制度上は、国土形成計画法に基づく、「国土形成計画」（全国計画及び広域地方計画）と、国土利用計画法に基づく「土地利用基本計画」（全国計画、都道府県計画等）などがあります。

前者は、従来は「全国総合開発計画」というものでしたが、大規模な開発を位置付けるだけでなく、今後は国土の利用や保全が重要になることから、2005（平成17）年に国土形成計画に改められました。後者は、1974（昭和49）年の制定以来、基本的枠組みは変わっていません。

人口減少社会に突入し、大きく土地利用も変化することが予想されることから、都市計画区域だけでなく、農業や森林などとも共通の枠組みである、「国土形成計画」や「土地利用基本計画」は、より適切な計画策定のために、上位計画として機能を発揮すべきと考えます。

現実には、「国土形成計画」や「土地利用基本計画」は、各事業主体の計画を寄せ集めたり、現状追随型の土地利用フレームしか示せていませんが、今後、国土形成計画、土地利用基本計画の定める内容が充実してくれば、都市計画の策定にあたってより配慮を求めることが必要になるかもしれません。

参照条文

都市計画法
第13条第1項柱書（都市計画基準）

都市計画はどの程度の頻度で変更するのですか？

都市計画は、都市計画を定める者（「都市計画決定権者」といいます。）である都道府県知事又は市町村長が必要と認めるときには、変更することができます。また、おおむね5年ごとに行われる都市計画基礎調査に基づいて、変更の必要性が明らかになった時には、都市計画決定権者は都市計画を変更する義務が生じます。

参照（都市計画運用指針）

Ⅲ．都市計画制度の運用に当たっての基本的考え方
Ⅲ－2　運用に当たっての基本的考え方
4. 適時適切な都市計画の見直し
都市計画は、法第21条に変更に関する規定があるとおり、社会経済状況の変化に対応して変更が行われることが予定されている制度であり、法第6条第1項に規定する都市計画に関する基礎調査（以下「都市計画基礎調査」という。）の結果や社会経済状況の変化を踏まえて、変更の必要性が吟味されるべきものである。

Question 47

線引きはどのような効果があるのですか？

A 線引きは、都市計画区域を開発行為や建築行為が許される市街化区域と、原則として開発行為や建築行為が禁止される市街化調整区域に区分するものです。最近は、区域区分という略称も用いられます。

もともとは、三大都市圏と人口10万人以上の都市には線引きが義務付けられており、さらに、その他の都市計画区域も将来は定めることとされていました。

しかし、地方公共団体の自主性を尊重する観点から、2000（平成12）年5月からは、三大都市圏と政令指定都市以外は線引きをするかどうかは地元都道府県知事の判断とされています。

その結果は、線引きを廃止した香川県などの事例もでてきていますが、人口減少で都市が縮退する時代にこそ、市街地での郊外のバラ建ちは抑制しないと、公共施設の維持管理などの都市財政負担など、次世代へのつけおくりになります。このため、線引きの廃止には慎重であるべきです。

なお、2004（平成16）年に鶴岡市が早稲田大学の支援を受けながら、線引きを新規に都市計画決定した事例もあります。

参照条文

都市計画法
第7条（区域区分）

コラム

市街化調整区域の建築・開発制限って何が画期的なのですか？

1968（昭和43）年に都市計画法を制定して、市街化区域と市街化調整区域の区分（線引き）を創設した際には、線引きを実施する都道府県等が土地所有者等に対して無補償で制限できる土地利用規制について、憲法第29条第2項、第3項の関係で、どこまでできるかが課題になりました。

当時の通説だった田中二郎先生などの憲法学者、行政法学者の解釈では、規制が積極的目的か・消極的目的か、特別的か・一般的か、損害の程度が大きいか・小さいか（いずれも前者であれば補償が必要となります）の3点から判断するとされていました。

線引きは、都市の秩序ある整備という観点から、積極的目的の可能性もあり、また、特定の区域を制限することから、特別的と判断される可能性もありました。

このため、3つ目の観点の損害の程度を小さくする工夫がなされました。

具体的には、市街化調整区域の制限内容としては、従来農村などで認められていた農家住宅等の建設や一定の面積の住宅団地の開発について、開発許可ができるように措置しました。

このように市街化調整区域は完全にバラ建ちを制限するものではありませんでしたが、それでも、日本で初めて一般的に開発行為や建築行為を抑制するという意味では、画期的な仕組みでした。

その後、農業振興地域の整備に関する法律などで現状保全的な規制については、無補償で土地利用制限を行うことが通常になってきています。

これを踏まえて、一定の面積の住宅団地の開発に対して開発許可を認める規定は、2006（平成18）年改正で削除されています。

線引きと農業振興地域の関係はどうなっているのですか？

市街化区域については、先に述べたとおり、農地法の転用許可が不要となり届出で済みます。同時に、市街化区域には、農業振興地域の整備に関する法律の規定により、農業振興地域を指定することができません。

逆に、市街化調整区域には、農業振興地域を指定することができますので、市街化調整区域は都市計画区域が指定されているとともに、農業振興地域が指定されているという重複関係になっています。

同様のことが、法文上は明確ではありませんが、線引きが実施されていない都市計画区域において、用途地域が指定されている区域と用途地域が指定されていない区域においても行われています。具体的には、用途地域が指定されている区域は農業振興地域が指定されず、用途地域が未指定で都市計画区域内の区域は農業振興地域が指定されています。

▶もっと勉強したい人のために

線引き制度導入に大変な努力をされた大塩洋一郎氏の『都市計画法の要点』（住宅新報社、1968)、『日本の都市計画法』（ぎょうせい、1981）は線引きの立法趣旨を知る上での必読書です。

現時点での解釈を理解するには、『都市計画法の運用Q&A』（加除式、ぎょうせい）の第7条の解説が最適です。

線引きを廃止した影響については、藤塚吉浩ほか『図説　日本の都市問題』（古今書院、2016）のP104 ～ 105の論考がわかりやすいです。

Question 48

用途地域とはどのような効果があるのですか？

A　用途地域は、名前のとおり、建物の用途（住宅、工業、商業など）について、できるだけ相互に悪影響（外部不経済といいます。）がでないように、市街化区域の内側を原則5ha以上の区域ごとに分けて、決定するものです。

今の都市計画法制定時（1968（昭和43）年）には、8種類でしたが、1992（平成4）年に12種類（第一種低層住居専用地域、第二種低層住居専用地域、第一種中高層住居専用地域、第二種中高層住居専用地域、第一種住居地域、第二種住居地域、準住居地域、近隣商業地域、商業地域、準工業地域、工業地域、工業専用地域）になり、2017（平成29）年に田園住居地域が加わって、13種類になっています。

この用途地域の細分ごとに、建築可能な建物の用途や容積率（**Q20**（P40）参照）などが決まっていて、これに沿って建物を建てることが義務付けられます。

具体的には、都市計画総括図で、住居系は緑色系統、商業系は赤色系統、工業系は青色系統で示されています。このルールは全国共通でどの市町村の都市計画図でも同じです。

用途地域内の建築物

例示	第一種低層住居専用地域	第二種低層住居専用地域	第一種中高層住居専用地域	第二種中高層住居専用地域
住宅、共同住宅、寄宿舎、下宿				
兼用住宅のうち店舗、事務所等の部分が一定の規模以下のもの				
幼稚園、小学校、中学校、高等学校				
幼保連携型認定こども園				
図書館等				
神社、寺院、教会等				
老人ホーム、福祉ホーム等				
保育所等、公衆浴場、診療所				
老人福祉センター、児童厚生施設等	1)	1)		
巡査派出所、公衆電話所等				
大学、高等専門学校、専修学校等				
病院				
2階以下かつ床面積の合計が150㎡以内の一定の店舗、飲食店等				
〃　500㎡以内　〃				
上記以外の店舗、飲食店				2)
事務所等				2)
ボーリング場、スケート場、水泳場等				
ホテル、旅館				
自動車教習所				
床面積の合計が15㎡を超える畜舎				
マージャン屋、ぱちんこ屋、射的場				
勝馬投票券発売所、場外車券売場等				
カラオケボックス等				
2階以下かつ床面積の合計が300㎡以下の自動車車庫				
倉庫業を営む倉庫、3階以上又は床面積の合計が300㎡を超える自動車車庫（一定の規模以下の附属車庫等を除く）				
倉庫業を営まない倉庫				2)
劇場、映画館、演芸場、観覧場、ナイトクラブ等				
劇場、映画館、演芸場若しくは観覧場、ナイトクラブ等、店舗、飲食店、展示場、遊技場、勝馬投票券発売所、場外車券売場等でその用途に供する部分の床面積の合計が10,000㎡を超えるもの				

の用途に関する制限

第一種住居地域	第二種住居地域	準住居地域	田園住居地域	近隣商業地域	商業地域	準工業地域	工業地域	工業専用地域	都市計画区域内で用途地域の指定のない区域
			1)						
								12)	
			8)					12)	
3)	5)	5)					5)	5) 12)	5)
3)									
3)									
3)									
3)									
3)									
	5)	5)					5)		5)
3)			9)						
		6)							13)

例示	第一種低層住居専用地域	第二種低層住居専用地域	第一種中高層住居専用地域	第二種中高層住居専用地域
キャバレー、料理店等				
個室付浴場業に係る公衆浴場等				
作業場の床面積の合計が50㎡以下の工場で危険性や環境を悪化させるおそれが非常に少ないもの				
作業場の床面積の合計が150㎡以下の工場で危険性や環境を悪化させるおそれが少ないもの				
作業場の床面積の合計が150㎡超える工場又は危険性や環境を悪化させるおそれがやや多いもの				
危険性が大きいか又は著しく環境を悪化させるおそれがある工場				
自動車修理工場				
日刊新聞の印刷所				
火薬類、石油類、ガス等の危険物の貯蔵、処理の量が非常に少ない施設				2)
〃 少ない施設				
〃 やや多い施設				
〃 多い施設				

□ 建てられる用途　■ 建てられない用途

1） 一定規模以下のものに限り建築可能
2） 当該用途に供する部分が2階以下かつ1,500㎡以下の場合に限り建築可能
3） 当該用途に供する部分が3,000㎡以下の場合に限り建築可能
4） 当該用途に供する部分が50㎡以下の場合に限り建築可能
5） 当該用途に供する部分が10,000㎡以下の場合に限り建築可能
6） 当該用途に供する部分（劇場、映画館、演芸場、観覧場は客席）が200㎡以下の場合に限り建築可能
7） 当該用途に供する部分が150 ㎡以下の場合に限り建築可能
8） 農産物直売所、農家レストラン等に限り建築可能
9） 農作物又は農業の生産資材の貯蔵に供するものに限り建築可能
10）農作物の生産、集荷、処理又は貯蔵に供するもの（著しい騒音を発生するものを除く）に限り建築可能
11）当該用途に供する部分が300 ㎡以下の場合に限り建築可能
12）物品販売業を営む店舗及び飲食店は建築不可
13）当該用途に供する部分（劇場、映画館、演芸場、観覧場は客席）が10,000㎡以下の場合に限り建築可能

第一種住居地域	第二種住居地域	準住居地域	田園住居地域	近隣商業地域	商業地域	準工業地域	工業地域	工業専用地域	都市計画区域内で用途地域の指定のない区域
			10)						
			10)						
4)	4)	7)		11)	11)				
3)									

形態制限一覧

		第一種低層住居専用地域	第二種低層住居専用地域	第一種中高層住居専用地域	第二種中高層住居専用地域	第一種住居地域	第二種住居地域	準住居地域	田園住居地域	近隣商業地域	商業地域	準工業地域	工業地域	工業専用地域	都市計画区域内で用途地域の指定のない区域
容積率（%）		※ 50、60、80、100、150、200		※ 100、150、200、300、400、500					※ 50、60、80、100、150、200	※ 100、150、200、300、400、500	※ 200、300、400、500、600、700、800、900、1000、1100、1200、1300	※ 100、150、200、300、400、500	※ 100、150、200、300、400		※ 50、80、100、200、300、400
容積率（%）	幅員最大の前面道路の幅員が12m未満の場合	幅員（m）×0.4		幅員（m）×0.4（＊＊0.6）					幅員（m）×0.4	幅員（m）×0.6（＊＊0.4又は0.8）					
建ぺい率（%）		※ 30、40、50、60				※ 50、60、80			※ 30、40、50、60	※ 60、80	80	※ 50、60、80	※ 50、60	※ 30、40、50、60	※ 30、40、50、60、70
外壁の後退距離（m）		※1、1.5							※1、1.5						
絶対高さ制限（m）		※10、12							※10、12						
斜線制限 道路斜線	適用距離（m）	20、25、30、35								20、25、30、35、40、45、50		20、25、30、35			20、25、30
斜線制限 道路斜線	勾配	1.25		1.25（＊＊1.5）（注4）（注5）		1.25（＊＊1.5）（注5）			1.25	1.5					＊1.25、1.5
斜線制限 隣地斜線	立上がり（m）			20（＊＊31）（注4）		20（＊＊31）				31					＊20、31
斜線制限 隣地斜線	勾配			1.25（＊＊2.5）（注4）		1.25（＊＊2.5）				2.5（＊＊なし）					＊1.25、2.5
斜線制限 北側斜線	立上がり（m）	5		10（注6）					5						
斜線制限 北側斜線	勾配	1.25		1.25（注6）					1.25						
日影規制	対象建築物	軒高7m超又は3階以上		10m超					軒高7m超又は3階以上	10m超		10m超			★軒高7m超又は3階以上、10m超
日影規制	測定面（m）	1.5		★4、6.5					1.5	★4、6.5		★4、6.5			★1.5、4
日影規制 規制値	5mラインの時間	★3、4、5				★4、5			★3、4、5	★4、5		★4、5			★3、4、5
日影規制 規制値	10mラインの時間	★2、2.5、3				★2.5、3			★2、2.5、3	★2.5、3		★2.5、3			★2、2.5、3
敷地規模規制の下限値		※200㎡以下の数値				※200㎡以下の数値（注8）			※200㎡以下の数値	※200㎡以下の数値（注8）			※200㎡以下の数値		

注1）※印を付けた制限は都市計画で定めるものを示す。
注2）＊印を付けた制限は特定行政庁が土地利用の状況等を考慮し当該区域を区分して都市計画審議会の議を経て定めるものを示す。
注3）＊＊印を付けた制限は特定行政庁が都市計画審議会の議を経て指定する区域内の数値を示す。
注4）指定容積率400%、500%の区域に限る。　注5）前面道路幅員が12m以上の場合で、かつ前面道路の1.25倍以上の範囲においては、1.5とする。
注6）日影規制対象区域内を除く。　注7）★印をつけた制限は条例で定めるものを示す。　注8）指定建ぺい率80%かつ防火地域にある耐火建築物を除く。

全国の用途地域指定状況

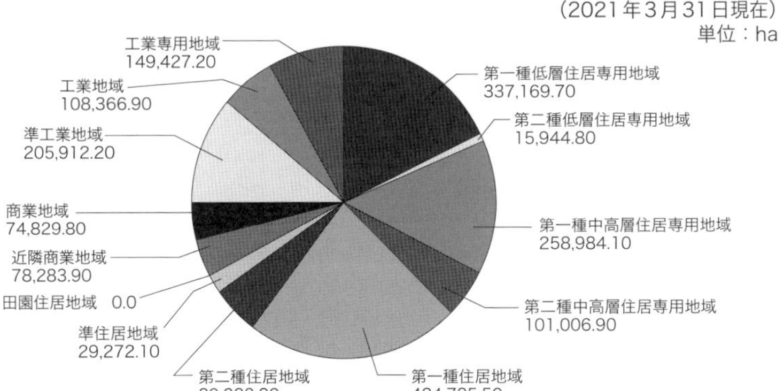

コラム

田園住居地域とは何ですか？

2017（平成29）年5月12日に公布された都市緑地法等の一部を改正する法律により制定された13番目の用途地域です。

農業と調和した低層住宅地をつくるため、市街化区域内農地を中心に指定することを予定しています。建築物の用途は第二種低層住居専用地域並の用途に農産物の生産や販売の施設などを追加して、容積率、建ぺい率、絶対高さ制限、斜線制限は、既存の第一種低層住居専用地域並みです。

また、田園住居地域内での市街化区域内農地を転用して建築物を建築する場合には都市計画法第52条の許可が必要となります。この許可の運用にあたっては、都市計画法第79条の規定に基づき、道路整備など必要な条件を付すことが可能です。田園住居地域は、道路整備が不十分な市街化区域内農地に対して適切な建築・開発行為を誘導する手法として期待されます。田園住居地域が対象として想定している市街化区域内農地を含んだ地区の整備方針は、**2-2-5**（P153）で述べます。

▶もっと勉強したい人のために

『新しい都市緑地・農地・公園の活用Q&A』（ぎょうせい、2018）が田園住居地域を詳しく説明しています。

Question 49

生産緑地とはどのような計画ですか？

A 生産緑地という都市計画は、市街地区域内の農地を保全して都市環境を守るための都市計画として1974（昭和49）年に創設されました。

その後、1991（平成3）年に、三大都市圏特定市（下の注を参照してください）の市街化区域内農地にこれまで認められてきた固定資産税の農地並課税、相続税の猶予を強化して宅地並みにする税制改正が行われ、この農地の宅地並課税を適用除外をするための条件として生産緑地の都市計画を定めることが求められました。

具体的には、1991（平成3）年の生産緑地法改正によって、生産緑地の面積要件が500㎡に引き下げられるとともに、生産緑地に指定された場合には、原則30年間農地として利用することが義務付けられ、他の用途への転換が禁止されました。

この30年の農地としての利用義務付けの期限が2022（令和4）年の多くの市において迎えることを見据えて、その前の2017年（平成29）年に生産緑地法改正を行い、さらに継続して、固定資産税の農地並み課税と相続税猶予を受けるために、10年間の農地利用を前提にする特定生産緑地として指定を受けることができることとなっています。この生産緑地法改正においては、税制特例を受けつつも農家レストランが建築可能になるなど生産緑地に対する農地利用としての制限も若干緩和されています。

（注）三大都市圏特定市とは、①都の特別区の区域、②首都圏、近畿圏又は中部圏内にある政令指定都市、③②以外の市でその区域の全部又は一部が三大都市圏の既成市街地、近郊整備地帯等の区域内にあ

るものです。ただし、相続税は平成3年1月1日時点で特定市であった区域以外は一般市町村として扱われますので、固定資産税と相続税で対象都市が微妙に異なります。

特定生産緑地の指定状況（2022年12月末現在）

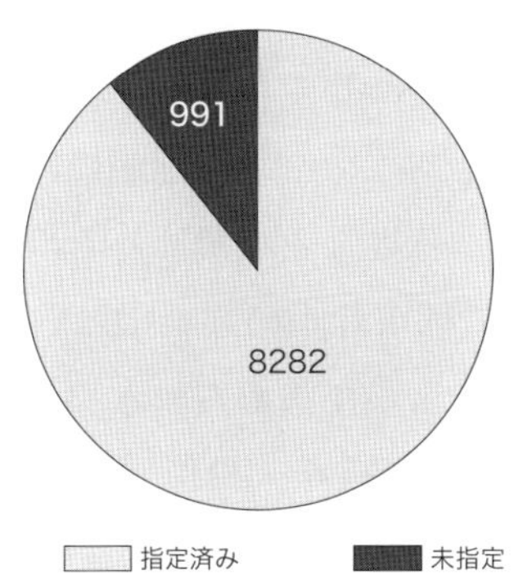

出典：国土交通省HP

都道府県別特定生産緑地の指定状況（2022年12月末現在）

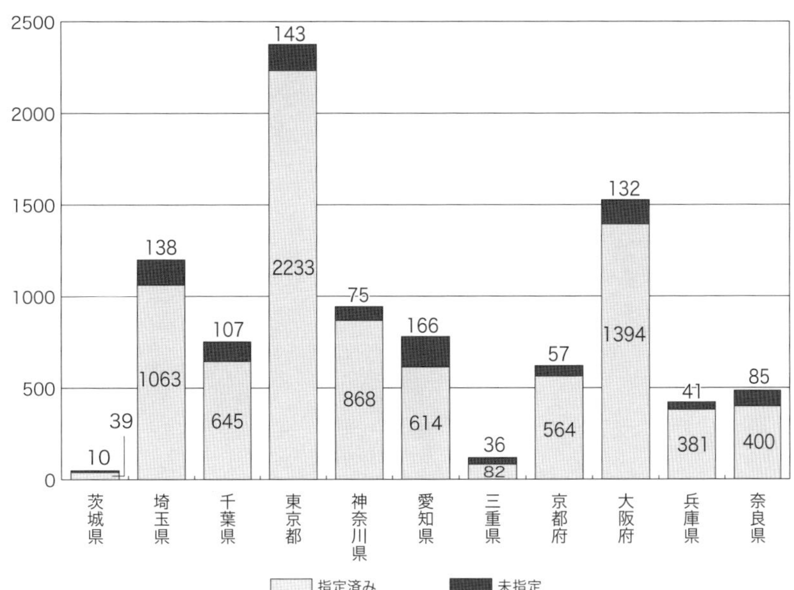

出典：国土交通省HP

Question 50

地区計画とはどのような計画ですか？

A 地区計画は、用途地域などの土地利用の計画が5haなどの大きな面積を単位にしておおまかに決める計画なのに対して、もっと小さい地区を対象にして、細かに建物の用途や意匠や色彩、区画道路や小規模な緑地などを決めるものです。

1980（昭和55）年に都市計画の詳細化という観点から創設された、地区単位で細かなことまで決められる都市計画です。

地区計画のイメージ図は**Q14**（P28）を参照してください。

▶もっと勉強したい人のために

その当時の地区計画の技術的な背景をよく踏まえているのは、日端康雄『ミクロの都市計画と土地利用』（学芸出版社、1989）です。

コラム

容積率等の緩和制度にはどのようなものがありますか？

用途地域で定められた容積率等について、緩和する制度は複数ありますが、特に重要なものとしては以下の３つです。

第一は、高度利用地区です。

高度利用地区は、ペンシルビルを防止しつつ高度利用を図る観点から、特に、建築物の建築面積（建物の底地の部分の面積と考えてください。）の最低限度や壁面の位置の制限（「セットバック」といいます。）などを定めた高度利用地区を都市計画で定めることによって、高度利用地区に定めた、用途地域の容積率より大きい容積率が適用されます。

参照条文（高度利用地区）

都市計画法
第８条（地域地区）
第９条
建築基準法
第59条（高度利用地区）

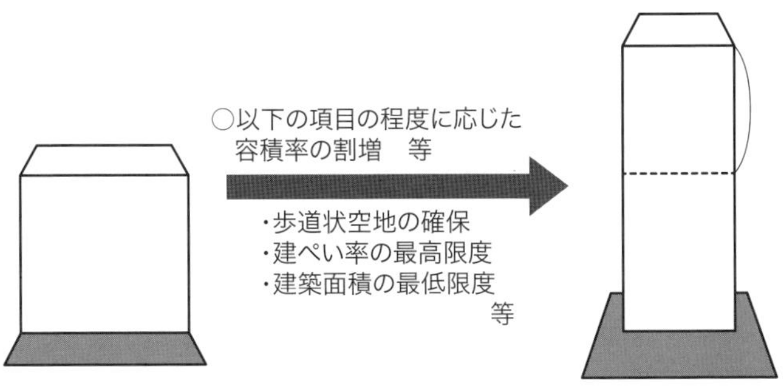

出典：国土交通省HP
http://www.mlit.go.jp/jutakukentiku/house/seido/kisei/58-5-2koudo.htm

第二は、再開発等促進区を定めた地区計画です。

1988（昭和63）年に創設された時には、再開発地区計画と呼ばれていました。

再開発等促進区を定めた地区計画では、通常の都市計画道路や区画道路の中間にあたる道路等を新たに整備することによって、一定のまとまりのある土地の高度利用を図る目的で活用されています。再開発等促進区を定めた地区計画が都市計画決定され、さらに、特定行政庁（**Q31**（P54）参照）が認めた場合には、容積率が緩和され、当該地区計画に定めている容積率が適用されます。同様に用途についても、特定行政庁が許可すれば、当該地区計画に定めた土地利用の基本方針に沿って用途規制も緩和されます。

【前】工業専用地域・200%
（原則、住宅、商業施設等は不可）

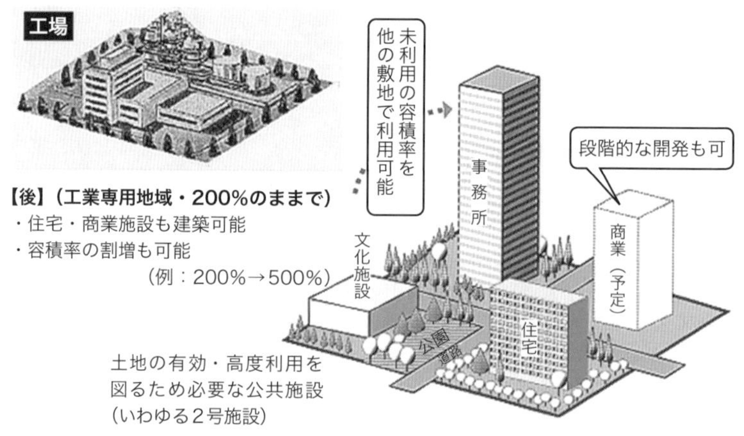

出典：国土交通省HP
http://www.mlit.go.jp/jutakukentiku/house/seido/kisei/68-3saikaihatsu.html

参照条文（再開発等促進区を定めた地区計画）

都市計画法
第12条の5第5項（地区計画）
建築基準法
第68条の3第1項～第6項（再開発等促進区等内の制限の緩和等）

第三は、総合設計です。

民間による活動を適切に誘導する観点から、公開空地などを整備し、市街地環境の改善に資すると特定行政庁が判断して許可した場合には、容積率が緩和されます。

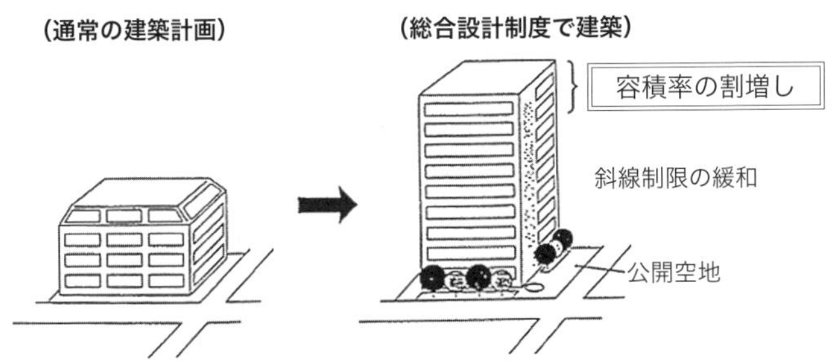

建築物の容積率の割増しの限度（運用上の区分）

名称	名称	名称
総合設計制度 （1970（昭和45）年創設）	基準容積率の1.5倍かつ 200％増以内	
市街地住宅総合設計制度 （1983（昭和58）年創設）	基準容積率の1.75倍かつ 300％増以内	住宅の割合が1/4以上の場合
都心居住型総合設計制度 （1995（平成7）年創設）	基準容積率の2.0倍かつ 400％増以内	住宅の割合が3/4以上の場合
敷地規模型総合設計制度 （1997（平成9）年創設）	上記の区分に応じ、各々の 限度内	敷地規模に応じ容積率を割増し

出典：国土交通省HP
https://www.mlit.go.jp/jutakukentiku/house/seido/kisei/59-2sogo.html

参照条文（総合設計）

建築基準法

第59条の2（敷地内に広い空地を有する建築物の容積率等の特例）

Question 51

道路や公園などの都市施設の計画とはどのような計画ですか？

A 将来、道路や公園にする予定の区域に定めるのが、道路や公園の都市施設の計画です。都市計画に定めた後は、都市計画施設といいます。

実際に決められているのは、都道府県、市町村が整備する予定の道路、公園、下水道が多いです。これはその整備にあたって国土交通省からの支援（社会資本整備総合交付金、**Q37**（P63）参照）の条件として、都市施設として都市計画決定されることが求められているからです。

この区域内では、具体的な事業が始まる前から、2階建ての建物より大きな建物は原則建築できなくなります。

また、都市施設を定めた区域内では、都市計画事業認可で、他に必要とされる許認可や施行能力が確認されれば、土地収用法が適用され、事業主体が強制的に買収することができます。

参照条文

都市計画法

第53条（建築の許可）
第54条（許可の基準）
第69条（都市計画事業のための土地等の収用又は使用）
第70条

コラム

長期間事業化しなかった都市計画道路の都市計画は違法ですか？また補償の必要がありますか？

2005（平成17）年11月1日の最高裁判決では、盛岡市の都市計画の取消請求及び賠償請求に対して、結果としては否定したものの、以下のような判決文により、正当な理由なく変更を放置されている場合などについては違法となる可能性を認めました。
「結果的に特定の路線の一部区間が長期間事業に着手されないとしても、そのことから直ちに都市計画決定権者がその有する法的義務に違反しているとはいえないのであり、それを超えて、正当な理由がないにもかかわらず、都市計画事業自体が長期間全く進行していないとか、当該特定路線の必要性が見直されるべきであるのに、これが長期間放置されているとかという特別の事情がない限り、都市計画決定権者である市町村の下した判断は、許された裁量権の範囲内のものとして、違反になることはないと解するのが相当」であり、「盛岡市は、都市計画道路全体について、見直しを漸次実施した結果、本件路線の重要性をも検討し、その必要性を確認した上で、変更を行わなかった」ことを考慮すると、都市計画が60年以上の長期間にわたって事業化されるに至っていないことを考慮に入れても、その状態は未だ被告に認められる裁量権の範囲内に止まっているというべき。」と判決されました。

また、2008（平成20）年3月11日の最高裁判決では、さらに進んで、自動車交通量の現状認識及び将来推計が誤りであることから、その推計に基づく都市計画道路を前提とした建築不許可は違法としています。

具体的な判示内容は以下のとおりです。
「都市施設を都市計画に定めるについていうならば、都市計画法第13条第1項第11号の定める基準に従い、土地利用、交通等の現状及び将来の見通しを勘案して適切な規模で必要な位置に配置されるように定めることを要するのであり、しかも、この基準を適用するについては、同項第19号により法第6条第1項の規定による都市計画に関する基礎調査の結果に基づくことを要するのであって、客観的、実証的な基礎調査の結果に基づいて土地利用、交通等につき現状が正しく認識され、将来が的確に見通されることなく都市計画が決定されたと認められる場合には、当該都市計画の決定は、同項第19号、第11号に違反し、違法となると解するのが相当である。

・本件変更決定は、以下のような現状の認識及び将来の見通しに依拠してされたものである。

① 第二次伊東市総合計画第五次基本計画が平成12年度の将来人口として設定していた数値をそのまま平成22年度の将来人口として設定したこと

② 将来交通量について、現実に人口減少傾向が見られるゾーンほど可能収容人口の残容量が多くなり、それに対応して将来予測される交通量も増加するという予測手法を用いたこと

・このように、従前の都市計画を変更して本件変更区間を幅員17mに拡幅することを内容とする新たな都市計画を定めるに当たり勘案した土地利用、交通等の現状及び将来の見通しは、都市計画に関する基礎調査の結果が客観性、実証性を欠くものであったために合理性を欠く。

・このため、法第6条第1項の規定による都市計画に関する基礎調査の結果に基づき、都市施設が土地利用、交通等の現状及び将来の見通しを勘案して適切な規模で必要な位置に配置されるように定めることを規定する都市計画法第13条第1項第19号、第11号の趣旨に反して違法である。」と判示しています。

以上の観点からも、都市計画に定めた道路などの都市施設の必要性や合理性については、少なくとも都市計画基礎調査実施年度ごとには検証していくことが大切です。そのような検証をきちんと行っていれば直ちに長期未着手な都市計画道路が違法となることはありません。

都市計画道路を計画する際に公有地を配慮しないといけないのですか？

都市計画道路を計画するにあたっては、起点と終点を想定したうえで、その間を学校など避けるべきコントロールポイントを押さえつつ、周辺の土地利用をみながら、なめらかな線形で道路を計画するのが通常だと思います。

2006（平成18）年9月4日の最高裁判決（林試の森判決）では、「民有地に代えて公有地を利用することができるときには、そのことも上記の合理性（都市施設を適切に配置するための合理性のこと。筆者補足）を判断する1つの考慮要素となり得る」と判断しました。

都市計画道路を設計するにあたっては、公有地の配置などを十分に調査していないことが実務の実態ではあるものの、この最高裁判決を踏まえると、少なくとも、世間一般に知られている国有地、公有地については情報を収集したうえで、その国公有地に都市計画道路をかけることが可能かどうかについてのチェックが必要になると考えます。

▶もっと勉強したい人のために

実務的には、都市計画道路の設計段階で、国公有地があればそこに都市計画道路をかける方が望ましいという判断をするのは難しい可能性が高いと思います。実務的な論点などについては、拙稿「林試の森判決（都市計画決定にあたって公有地を考慮すべき）の射程について」土地総研リサーチ・メモ2021年7月2日を参照してください。

Question 52

土地区画整理事業、市街地再開発事業などの市街地開発事業の計画とはどのような計画ですか？

A 土地区画整理事業は、土地と土地を等価交換（換地といいます。）して、宅地を整形化するとともに、公共施設を整備する事業です。市街地再開発事業は、土地を土地付き建物に交換（権利変換といいます。）して、土地の高度利用を図るとともに公共施設を整備する事業です。

双方の事業とも国土交通省の支援（社会資本整備総合交付金、**Q37**（P63）参照）の支援を受けることができます。

ただし、双方の事業とも、経済が右肩あがりで土地価格が上昇する場合には、事業の収支がとりやすかったのですが、経済が停滞している現状では事業収支を注意深くみる必要があります。

今後は、土地などの交換にあたって、税（譲渡所得税、法人税、不動産取得税、登録免許税）がかからないこと、従前の抵当権などが抹消されずにそのまま交換した土地に移転することなどの措置に重点をおいた事業が中心になっていくと考えます。

土地区画整理事業のイメージ図

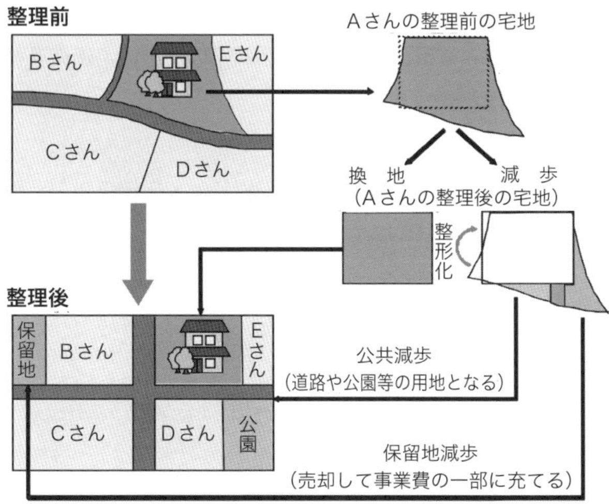

出典：国土交通省都市局市街地整備課HP
https://www.mlit.go.jp/crd/city/sigaiti/shuhou/kukakuseiri/kukakuseiri01.htm

市街地再開発のイメージ図

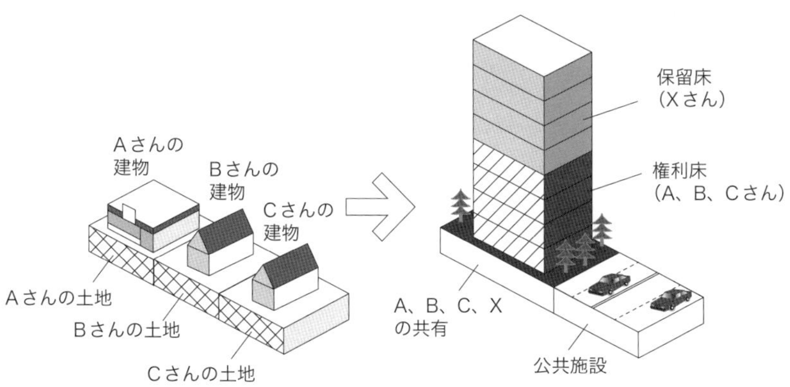

出典：国土交通省都市局市街地整備課HP
https://www.mlit.go.jp/crd/city/sigaiti/shuhou/saikaihatsu/saikaihatsu.htm

コラム

土地区画整理事業等の都市計画を定めた区域での制限は、道路を都市計画に定めた区域の制限と同じですか？

道路の都市計画を定めた区域では、2階建ての木造建築物など事業の支障のない建築物の建築は許可しなければならないことになっています。これに対して、土地区画整理事業や市街地開発事業の都市計画を定めた区域では、都道府県知事等は、建築物の建築を全面的に不許可とすることができます。

しかし、これによって土地所有者に大きな制限がかかるため、同時に、事業を実施する者などに対して、土地の買取り請求をすることができます。

これは、厳しい建築制限に対する補償を事実上行ったものと考えられています。

参照条文

都市計画法

第55条（許可の基準の特例等）

第56条（土地の買取り）

2-2 都市計画の内容をもっと詳しく（応用編）

2-2-1 マスタープラン

(1)　マスタープラン全般のポイント

①　都市計画におけるマスタープランの意義

都市計画でマスタープランというのは、整開保（都市計画区域マスタープラン）、市町村マスタープラン、さらに立地適正化計画の3つを最近では示します。

それぞれが、「中長期的な都市の姿、例えば、20年先の都市の姿を展望して、地域別の市街地像を描く」などといわれています。

これを踏まえて、具体の都道府県又は市町村が決定する都市計画を示すことになり、将来の都市計画の概括的なアウトラインを住民に示す意義があります。また、地方公共団体の職員は具体の都市計画決定について、マスタープランに拘束されることになります。

②　都市計画における今後のマスタープランのあり方

人口減少社会のなかで、マスタープラン作成の前提として、そもそも現実的な人口フレームを設定できるか、さらに、それが仮に設定できたとしても、中長期の未来の市街地の姿を具体的に予測することが可能かどうかについては、計画技術論としては、大きな問題を抱えています。

このように、将来予測が困難になってきている時期においては、従来の将来の都市の姿、都市計画の目標を掲げるという観点に加え（もしくはこの観点よりも）、

ア　医療、福祉など高齢社会への視点

イ　公共施設等の再編計画など都市経営の視点

ウ　省エネルギー、低炭素化など地球環境の視点

など、現在の都市が抱える問題について横串的に目標を掲げること

が重要です。

さらにマスタープラン作成手続きにおいて、地区レベルまでおりて住民の主体的な参加手続きを重視することによって、住民の意向の早期の反映の手段としての意義も重視すべきです。

さらに、将来を明確に予測できないことは、変更の必要性も生じやすいことから、状況の変化に対応して柔軟にプランの内容を変更することも大事です。

参照（都市計画運用指針）

Ⅳ．都市計画制度の運用の在り方

Ⅳ－１－２　マスタープラン

Ⅰ）マスタープラン全般にわたる事項

(マスタープランの記載事項)

マスタープランの対象期間は相当長期間となることから、マスタープランに詳細な計画内容を記述するには限界がある。また、従前の、線引きに伴う「整備、開発又は保全の方針」においては、個々の都市計画に関する記述の羅列となっているものが多く見られたが、上記のようなマスタープランに要請される役割からすると、マスタープランにおいては、当該都市計画の広域的な位置付けを踏まえた上で、どのような方針でどのような都市を作ろうとしているのかを地域毎の市街地像等で示すとともに、例えば都市計画区域マスタープランにおいては広域的な土地利用、都市施設等について、また、市町村マスタープランにおいては地域に密着した主な土地利用、都市施設等について将来のおおむねの配置、規模等を示し、住民が将来の大まかな都市像を頭に描きつつ、個々の都市計画が将来の都市全体の姿の中でどこに位置付けられ、どのような役割を果たしているかを理解できるようにすることが望ましい。

また、人口の急激な減少と高齢化を勘案すれば、高齢者にとっても子育て世代にとっても安心できる健康で快適な生活環境を実現するとともに、将来における人口の見通しとそれを踏まえた財政の見通しを立てた上で、財政面及び経済面において持続可能な都市経営を実現することが必要となる。このような観点を踏まえて機能的な都市構造を確保するため、立地適正化計画において居住や都市機能を誘導する地域をあらかじめ明示することが望ましい。

⑵　都市計画区域マスタープラン（整開保）

①　制度制定の経緯

都市計画区域マスタープランは、2000（平成12）年までは線引きの一部の文書編としての位置付けでしたが、2000年の都市計画法の改正によって、線引きとは切り離され、独立した県又は政令指定都市が策定するマスタープランとなりました。

しかし、従前が線引きの一部の文書であったことから、中身がそれほど充実していない事例があること、また、都市計画区域単位で作成すると、都市計画区域が1つの市のみを対象としている場合には、市町村マスタープランとの重複感が否めないとの課題が存在しています。

②　都市計画区域マスタープランの内容

都市計画法第6条の2においては、その内容は、都市計画の目標が義務化され、土地利用、都市施設の整備及び市街地開発事業の方針の策定は努力目標とされています。

③　都市計画区域マスタープランの策定主体及び手続き

都市計画区域マスタープランは、都道府県知事及び政令指定都市が通常の都市計画手続きと同じ手続きで定めます。

④　都市計画区域マスタープランの活かし方

以下の観点から、都市計画区域マスタープランの位置付けを強化することが期待されます。

ア　都道府県域全体としてのマスタープラン

都市計画法第8条の2においては、都市計画区域単位で都市計画区域マスタープランを策定することは、運用上、例えば、都市計画区域ごとの都市計画区域マスタープランの前半に共通編をつくり、それを都道府県域全体のマスタープランとして位置付ければ、市町村マスタープランとの重複感もなくなり、存在意義が明確になります。

イ　線引きの方針

人口減少社会のなかでも、バラ建ちを防ぎ都市経営を健全にしていくためには、郊外部のバラ建ちを防ぐことが重要なのは、**2-2-2**（P129）に述べるとおりです。

県等が作成する都市計画区域マスタープランにおいては、もともと線引き自体の付属図書のような扱いであったことから、「土地利用の方針」のうち、線引きの方針がこれまでも明確に書かれており、これを維持していくことが重要と考えます。

ウ　根幹的な都市基盤施設の整備及び広域的な緑地の保全の方針

都道府県が自ら都市計画決定をするもののうち、新たに整備するものとしては、高速道路などが環境アセスメント手続きと同時に行われることが想定されます。その際には、**構想段階で都市計画区域マスタープランに大まかな位置や起点終点を位置付け、地域住民に対して早期に主体的な参画や合意形成につなげていくことが重要です。**

また、首都圏、近畿圏などの近郊緑地など長く保全されてきた緑地の保全方針を明らかにすることは意義があります。

参照条文

都市計画法

第6条の2（都市計画区域の整備、開発及び保全の方針）

参照（都市計画運用指針）

Ⅳ．都市計画制度の運用の在り方

Ⅳ－１－２　マスタープラン

Ⅱ）マスタープラン別の事項

１．都市計画区域マスタープラン

⑴　基本的考え方

③　さらに、都市計画区域が複数の市町村にまたがるか否かにかかわらず、必要に応じ、隣接・近接する他の都市計画区域や都市計画区域外の現況及び今後の見通しを勘案し、広域的課題の調整が図られるよう努めるべきである。

特に、都市計画区域を越えて広域的な調整を行う必要性が高いと考えられるケースとしては、以下が考えられる。

イ）交通や各種施設の立地等土地利用の広域化に対応し、広域調整を強化する必要のある場合

ロ）大都市地域等において、市街地が行政区域を越え連たんしているが、計画単位として市町村別に都市計画区域を設定している場合

ハ）広域合併した市町村において、行政区域内の状況が一様ではないため、複数の都市計画区域を含む場合（このことにより都市計画区域マスタープランより市町村マスタープランの対象が広域である状態を解消する場合等）

⑶　都市再開発方針

①　都市再開発方針の内容

都市再開発方針は、都市計画区域マスタープランと同様、都道府県又は政令指定都市が定めるマスタープランです。

定めることに努力義務がある都市は、政令で列記されています。具体的には、東京都23区、大阪市、名古屋市、京都市、横浜市、神戸市、北九州市、札幌市、川崎市、広島市、仙台市、川口市、さいたま市、千葉市、船橋市、立川市、堺市、東大阪市、尼崎市、西宮市です。

定めるべき事項は、「計画的な再開発が必要な市街地」（「一号市街地」と略称されています。）の高度利用、都市機能の更新の方針と「特に一体的に市街地の再開発を促進すべき相当規模の地区」（「二号地区」と略称されています。）の整備又は開発の計画の概要です。

一号市街地は、今後再開発が必要となる区域を広めにかけ、二号地区は、再開発の動きが具体化した地区を定めるのが通例です。

② 都市再開発方針の策定主体及び手続き

都市再開発方針は、都道府県知事及び政令指定都市が通常の都市計画手続きと同じ手続きで定めます。

③ 都市再開発方針の活用方針

上記①で都市再開発方針策定の努力義務のある市は、大都市で今後とも市街地再開発事業の施行が予想されることから、再開発の必要性のある地区を幅広く「一号市街地」として決定するとともに、地元の熟度に応じて「二号地区」を定めることが望ましいと考えます。

なお、この努力義務のある都市以外で市街地再開発事業を実施する場合には、無理して「一号市街地」を定めることなく、「二号地区」のみを定めることも可能となっています。

参照条文

都市再開発法
第2条の3（都市再開発方針）
都市再開発法施行令
第2条の2（施行地区及び設計の概要を表示する図書の縦覧）

⑷ 市町村マスタープラン

① 市町村マスタープランの特徴

ア 唯一の法定の市町村策定マスタープラン

市町村マスタープランは、正確には都市計画法第18条の2の規定に基づく「市町村の都市計画に関する基本的な方針」というものです。

特徴としては、地方自治法第２条第４項の「その地域における総合的かつ計画的な行政の運営を図るための基本構想」の規定が2011（平成23）年に削除され、現時点では法定の唯一の市町村のマスタープランです。

イ　市町村マスタープランの内容及び手続きの柔軟性

市町村マスタープランで規定すべき内容が法律で規定されておらず、市町村の判断にゆだねられており、また、策定手続きにおいて、都道府県知事への通知以外に関係行政機関との調整規定がないことから、市町村の自由な計画意図が反映できる仕組みになっています。

また、住民参加手続きについて「あらかじめ公聴会の開催その他住民の意見を反映させるために必要な措置」を講じると規定され、具体的な手続きは市町村の判断にゆだねられています。

ウ　市町村マスタープランの法的位置付け

法制度上の整理としては、上記、都市計画区域マスタープランや都市再開発方針が都市計画の一部であるのに対して、市町村マスタープランは都市計画そのものではないとされています（そのため、策定手続きも都市計画の策定手続きに縛られません。）。

② 市町村マスタープランの活用方法

ア　近年の市町村マスタープランの意義

実質的に意味のある都市計画がほとんど市町村決定になったことから、市町村マスタープランの意義は、1992年よりも格段に大きくなっています。

イ　地域別構想の必要性

具体的な内容は市町村の判断にゆだねられていますが、市町村の地域別構想を定める事例が多くなっています。

地域別構想の案を策定する際には、地区別に協議会をつくって策定過程から住民参加と住民の意見反映を行うことが重要ですし、実際にもこのような丁寧な手続きが実施されています。

ウ　都市問題を横断的に記述する必要性

今後、さらに、市町村マスタープランにおいては、都市問題の多様化、深刻化を踏まえて、

a）医療、福祉など高齢社会への視点

b）公共施設等の再編計画など都市経営の視点

c）省エネルギー、低炭素化など地球環境の視点

など、現在の都市が抱える問題について横串的に目標を掲げることが重要です。

エ　市町村マスタープランの前提となる人口推計

基本的な課題として、市町村の総合計画などでは過大な人口想定がされることが多いですが、**市町村別の人口推計については、比較的堅実な予測を行っている社会保障・人口問題研究所の推計値を参照して、手堅い人口想定を行うことが、人口減少社会のなかで、効率的な都市経営を実現するために重要です。**

さらに、大都市及びその周辺の市町村においては、分譲マンションや賃貸住宅の供給が比較的活発であるにもかかわらず、既存の市街地において、多くの空き家を抱えている場合があります。このような場合に安易に住宅供給を促進することは、将来の都市問題を惹起する可能性がありますので、住宅供給フレームを同時に検討することが重要です。

参照条文

都市計画法

第18条の2（市町村の都市計画に関する基本的な方針）

参照（都市計画運用指針）

Ⅳ．都市計画制度の運用の在り方
Ⅳ－１－２　マスタープラン
Ⅱ）マスタープラン別の事項
2．市町村マスタープラン
⑶　住民の意向反映、周知等
①「公聴会の開催等住民の意見を反映させるために必要な措置」としては、例えば、地区別に関係住民に対しあらかじめ原案を示し、十分に説明しつつ意見を求め、これを積み上げて基本方針の案を作成し、公聴会・説明会の開催、広報誌やパンフレットの活用、アンケートの実施等を適宜行うことが望ましい。
②　定めた基本方針の「公表」の方法としては、市町村の庁舎（支所、出張所等を含む。）への図書の備付け及び閲覧、積極的な広報の実施、概要パンフレットの作成・配布等を適宜行うことが望ましい。
③　市町村の住民に基本方針の内容を視覚的に理解が容易なもので周知することが望ましく、このために、例えば、総括図に加え、地域別の整備構想に対応する図面を地域別に作成して、これに土地利用、施設、事業等の各構想について、おおむねの配置又は規模を極力図示すること、必要に応じて、土地利用、交通、緑、環境の保全等特定の分野について編集した図面を作成すること、これらについて適宜模型、イメージ図等によって補うこと等が望ましい。

⑸　立地適正化計画

①　立地適正化計画の意義

立地適正化計画は、高齢社会対応、都市経営の合理化、エネルギーなどの環境問題の解決のため、都市のコンパクト化を目指して、2014（平成26）年に創設されました。

この都市構造の観点に加えて、地方公共交通網形成計画と連携するとされています。

さらに、特に都市機能を誘導する観点から、補助金などの支援措置も講じられています。

また、位置付けとしては、立地適正化計画は市町村マスタープランにみなされますので、市町村マスタープランの特別編と考えていいと思います。

② 立地適正化計画の活用方法

ア 都市全体のマスタープランの契機

立地適正化計画は策定費補助もあることから、まず、都市全体のマスタープランの見直しの契機とすることができます。この場合には、単に居住誘導区域や都市機能誘導区域の線の引き方を考えるだけでなく、都市の地域別の高齢化率や空き家率の発生を予測するなど、地域別の将来予測と課題把握、時間軸を持った対応策の検討などを行うことが重要です。

なお、国土交通省都市局も具体的に指導していますが、**都市の人口予測については、過大とならないよう、社会保障・人口問題研究所の市町村別人口推計値に準拠すべきと考えます。**

イ 立地適正化計画に基づく支援

立地適正化計画には、福祉施設等誘導施設に対する補助があり、これを活用したいという場合には、当面、この補助制度の活用に必要な範囲で計画策定をすることもありうると思います。

なお、**誘導施設に対する補助金は、駅やバス停からの一定の距離以内という条件があるのに対して、一般財団法人民間都市開発推進機構（以下「民都機構」という）の支援については、この距離要件がないことにも注意しましょう。**

また、**誘導施設に対しては都市施設として都市計画決定をし、事業認可をとれば市町村の財源である都市計画税を充当することができますので、都市施設としての都市計画決定も同時に検討することが有効と考えます。**

ウ　市町村独自のエリアどり

都市全体のマスタープランの作成、補助金の対応の双方の契機であっても、立地適正化計画の策定の際に、法律の枠組みである居住誘導区域や都市機能誘導区域の枠にはうまくおさまらない区域がありうると思います。特に、市街化区域で都市計画税を徴収している区域をまったく位置付けのない区域にするのには困難が予想されます。

この場合には、**市町村独自で、例えば、市の郊外部の住宅地で今後居住は誘導しないが長期的に高齢者サービスなどに気配りをしていく「居住安定区域」とか、農村集落でも相当の期間は存続し、生活サービスが必要な区域として、「集落居住区域」など、各地域の特徴に応じた区域を定めることも考えられます。**

エ　市街化調整区域の住宅立地抑制の必要性

立地適正化計画は、市街化区域内をさらにコンパクトにして居住誘導区域やさらに内側に都市機能誘導区域を指定する仕組みですが、市街化区域内をコンパクトにしても、市街化区域の外側の市街化調整区域で住宅立地などが進むのでは、真のコンパクト化は実現しません。このため、立地適正化計画を策定するのに合わせて、**市街化調整区域において条例で立地を緩和している市町村は、その条例の現時点の必要性の有無も含め、市街化調整区域での新規開発や建築物の建築をより抑制できるための制度改正、運用改正も検討すべきと考えます。**

オ　立地適正化計画と公共交通との連携

なお、立地適正化計画を策定して、都市のコンパクト化を図るというのは、一世代、30年くらいの長期的な視点で実現するものであるのに対して、公共交通の対応は、実験的にはすぐに様々な対応が図れるなど、かなり時間軸に違いがあります。相互の計画調整については、この点に留意することが大事です。

特に、公共交通については、今後、多くの都市が人口減少によって利用者が減少し採算が厳しくなることによって、軌道系から路線バス、さらにコミュニティバス、デマンドタクシー、さらには過疎地有償運送、福祉有償運送（近所の人がお金をもらって送り迎えする仕組み）へと変化することが想定されます。このため、市町村マスタープランにおいても、軌道系など施設整備を伴う事業だけでなく、バスやタクシー、有償運送など、既存の道路インフラを活用して、利用者減に対応できる施策も盛り込むことが重要と考えます。

参照条文

都市再生特別措置法

第81条第1項～第5項（立地適正化計画）

参照（都市計画運用指針）

Ⅳ. 都市計画制度の運用の在り方

Ⅳ－１－３　立地適正化計画

3. 記載内容

⑶　居住誘導区域

③　留意すべき事項

居住誘導区域が将来の人口等の見通しを踏まえた適切な範囲に設定されるべきことは言うまでもない。例えば、今後、人口減少が見込まれる都市においては、現在の市街化区域全域をそのまま居住誘導区域として設定するべきではなく、また、原則として新たな開発予定地を居住誘導区域として設定すべきではない。なお、人口等の将来の見通しは、立地適正化計画の内容に大きな影響を及ぼすことから、国立社会保障・人口問題研究所が公表をしている将来推計人口の値を採用すべきであり、仮に市町村が独自の推計を行うとしても国立社会保障・人口問題研究所の将来推計人口の値を参酌すべきである。

また、都市機能誘導区域へ誘導することが求められる医療、福祉、商業等の身近な生活に必要な都市機能は、各機能の特性に応じた一定の利用圏人口によってそれらが持続的に維持されることを踏まえ、当該人口を勘案しつつ居住誘導区域を定めることが望ましい。

⑷　都市機能誘導区域

④　都市機能誘導区域内に誘導施設の立地を誘導するために市町村が講ずる施策

立地適正化計画には、都市機能誘導区域内に都市機能の誘導を図るために、財政上、金融上、税制上の支援施策等を記載することができる。これらの施策については、国等が直接行う施策、国の支援を受けて市町村が行う施策、市町村が独自に講じる施策に大別することができる。

このうち、国等が直接行う施策としては、例えば、誘導施設に対する税制上の特例措置や、都市再生法において規定されている民間都市開発推進機構による金融上の支援措置が存在する。

また、国の支援を受けて市町村が行う施策としては、例えば、市町村による誘導施設の整備や歩行空間の整備等のほか、民間事業者による誘導施設の整備に対する支援施策が考えられる。

札幌市の立地適正化計画の図

札幌市は、法律に基づく、居住誘導区域と都市機能誘導区域のほか、市独自の区域として、「持続可能な居住環境形成エリア」をしています。

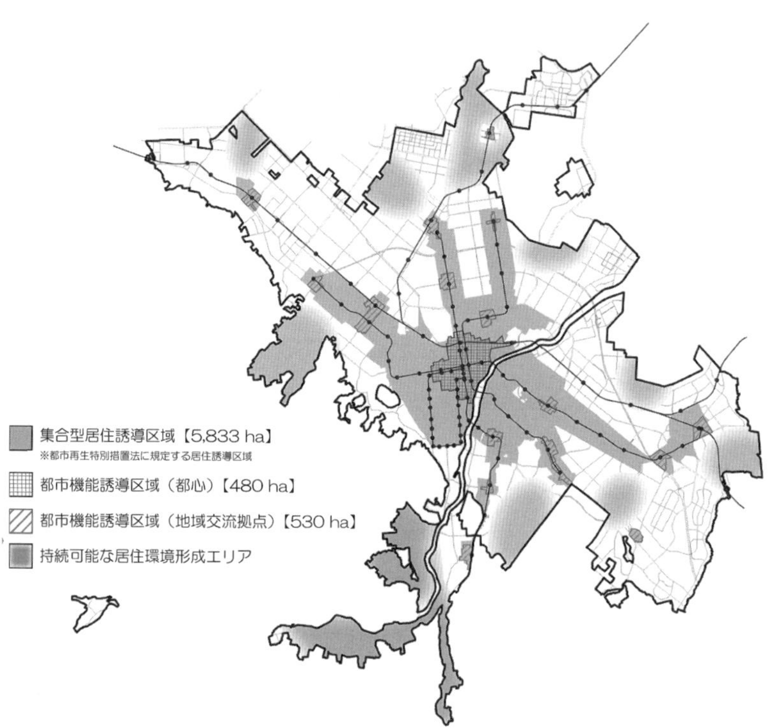

出典：「札幌市立地適正化計画」P46
http://www.city.sapporo.jp/keikaku/rich/documents/rich_5-8.pdf

2-2-2 線引き（市街化区域と市街化調整区域の区域区分）と用途地域

⑴　線引き

①　線引きの意義

ア　制度創設当初の意義

1968（昭和43）年の現行都市計画法の制定時の最大の特徴は、都市計画区域を市街化区域と市街化調整区域に区分し、市街化調整区域での開発や建築行為を抑制し、人口増に伴う無秩序なスプロール化を抑え、公共事業の効率的実施を図ったことにあります（なお、憲法第23条第3項に基づく損失補償が求められないよう、市街化調整区域においても、一定の良好な開発は認められています。）。

現行都市計画法の制定後、10年間ほどは都道府県及び市町村の都市計画関係者が多大な努力を行い、この線引きを実施してきました。

その結果として、線引きを行った都市については、都市によって多少の濃淡はあるものの、その周辺部に農地で囲まれた建物のないグリーンベルトのような空間が確保されてきました。

イ　現時点での意義

1990年代から現在に至る過程で、都市の人口増加が終焉し、ごく一部の大都市を除き、人口が定常状態又は減少傾向になってきました。

しかし、人口増がなくなった都市は同時に厳しい財政難に陥ることから、効率的な都市経営という観点から、コンパクトな都市構造へ転換すべきであり、郊外へのバラ建ちは抑制しなければなりません。

その意味では、1968（昭和43）年当時とは政策目的が異なるものの、先輩たちが多大な努力の結果残してきた市街化調整区域の存在を否定して、線引きを廃止するのは望ましくないと考えます。

② 線引きの活用方法

ア 市街化区域の人口フレームの考え方

線引きを行うことによって、市街化区域内の農地は転用許可が不要になり、届出で済むことになります。このため、線引きを実施したり、市街化区域の範囲を拡大する際には、人口や世帯の増加分を前提にして必要な面積を算定する「人口フレーム」方式を用いてきました。

この人口フレーム方式は、国土交通省と農林水産省が同意している基準ですので、当面はこの基準に基づき、市街化区域の範囲の適正さを判断することになります。

イ 人口減少下社会での人口フレームの考え方

仮に人口増が収まり、郊外部で空き地や空き家が増加してきたとしても、残った住宅に対する都市的サービスは不可欠ですので、市街化区域の設定は現実としては維持せざるをえません。仮に、まとまった土地について都市的利用がなくなった場合や、市街化区域内農地でまとまった規模の土地については、市街化調整区域への編入も検討すべきでしょう。

ウ 市町村合併と線引きの関係

なお、都市計画区域のところ（**2–2–1** ⑴②（P115））でも述べたとおり、**市町村合併によって、線引きしている都市計画区域と線引きしていない都市計画区域が一つの行政区域に併存する場合であっても、本来は、都市のコンパクト化の観点から、線引きした都市計画区域に統合すべきです。土地所有者等の理解が得られないときにも、当分の間、複数の都市計画区域を併存すべきで、安易に線引きを廃止すべきではありません。**

参照条文

都市計画法

第7条（区域区分）

参照（都市計画運用指針）

Ⅳ．都市計画制度の運用の在り方

Ⅳ－１－２　マスタープラン

Ⅱ）マスタープラン別の事項

1．都市計画区域マスタープラン

⑶　区域区分の決定の有無及び区域区分を定める際の方針

①　区域区分制度の適切な運用

なお、市町村合併等を契機とした都市計画区域の統合・再編に関し、区域区分を行っている都市計画区域と行っていない都市計画区域の統合が検討される場合がある。こうした場合においては、区域区分を存続すべきか廃止すべきかが課題となるが、従来区域区分を行っていなかった地域の住民等の理解を得ることに困難が伴うことや、人口や世帯数等が増加傾向にないことのみをもって、安易に区域区分の廃止を結論付けることは適切ではなく、都道府県が、当該都市の発展の動向、当該都市計画区域における人口及び産業の将来の見通し等を勘案して、区域区分を行う必要のある地域について適切に判断するべきである。この場合において、従来区域区分を行っていない地域に区域区分を行う際には、従来区域区分を行っていなかった地域のうち、用途地域を指定している区域については、現に市街化されておらず、当分の間営農が継続することが確実と認められる土地の区域を除き、市街化区域に含めることが望ましいが、すでに市街地を形成している区域についての都市計画基準に適合しない地域に関しては、必要に応じ地区計画の決定により対応することも考えられる。

Ⅳ－２　都市計画の内容

Ⅳ－２－１　土地利用

Ⅱ）個別の事項

B. 区域区分（法第７条関連）
1. 市街化区域
(1) 基本的な考え方
① 市街化区域の設定は、都市計画区域マスタープランにおける区域区分の方針において、人口を最も重要な市街地規模の算定根拠としつつ、これに世帯数や産業活動の将来の見通しを加え、市街地として必要と見込まれる面積(以下単に「フレーム」という。)をそのまま即地的に割り付ける方式(いわゆる人口フレーム方式）を基本とすべきである。なお、都市計画区域のうち、農林業上その他の土地利用規制等により市街化することが想定されない土地の区域以外の区域にある土地について、都市計画区域の人口及び産業の将来の見通し、市街地における土地利用の現状及び将来の見通し等を総合的に勘案して、都市的土地利用への転換の適否を明らかにする方法が可能であれば、試行的に検討していくことも考えられる。
② 人口フレーム方式においても、市街化区域の設定又は変更に当たり、全てのフレームを具体の土地に割り付けることなく、その一部を保留したうえで、市街化調整区域内の特定、又はいずれかの土地の市街地の状況が整った時点で市街化区域とする方法も考えられる（いわゆる保留フレーム)。

(2) 用途地域

① 用途地域の意義

ア 用途地域の存在意義

用途地域は、住宅、工場、商業などが混在することによって生じる支障（経済学では「外部不経済」といいます。）を抑制するために、まず、建築物の用途に着目して区分をします。

さらに、用途に応じて、それぞれふさわしい容積率、建ぺい率を割り当てるとともに、建築物相互の環境や道路の見通しなどを踏まえて、斜線制限を割り当てます。

イ 現行制度における用途地域の内容

現在の都市計画法に基づく用途地域は、12種類で、用途制限と

形態制限一覧

区分		第一種低層住居専用地域	第二種低層住居専用地域	第一種中高層住居専用地域	第二種中高層住居専用地域	第一種住居地域	第二種住居地域	準住居地域	田園住居地域	近隣商業地域	商業地域	準工業地域	工業地域	工業専用地域	都市計画区域内で用途地域の指定のない区域
容積率（%）		※ 50、60、80、100、150、200		※ 100、150、200、300、400、500					※ 50、60、80、100、150、200	※ 100、150、200、300、400、500	※ 200、300、400、500、600、700、800、900、1000、1100、1200、1300	※ 100、150、200、300、400、500	※ 100、150、200、300、400		※ 50、80、100、200、300、400
容積率（%）	幅員最大の前面道路の幅員が12m未満の場合	幅員（m）×0.4		幅員（m）×0.4（＊＊0.6）					幅員（m）×0.4	幅員（m）×0.6（＊＊0.4又は0.8）					
建ぺい率（%）		※ 30、40、50、60				※ 50、60、80			※ 30、40、50、60	※ 60、80	80	※ 50、60、80	※ 50、60	※ 30、40、50、60	※ 30、40、50、60、70
外壁の後退距離（m）		※1、1.5							※1、1.5						
絶対高さ制限（m）		※10、12							※10、12						
斜線制限 道路斜線	適用距離（m）	20、25、30、35								20、25、30、35、40、45、50		20、25、30、35			20、25、30
斜線制限 道路斜線	勾配	1.25		1.25（＊＊1.5）（注4）（注5）		1.25（＊＊1.5）（注5）			1.25	1.5					＊1.25、1.5
斜線制限 隣地斜線	立上がり（m）			20（＊＊31）（注4）		20（＊＊31）				31					＊20、31
斜線制限 隣地斜線	勾配			1.25（＊＊2.5）（注4）		1.25（＊＊2.5）				2.5（＊＊なし）					＊1.25、2.5
斜線制限 北側斜線	立上がり（m）	5		10（注6）					5						
斜線制限 北側斜線	勾配	1.25		1.25（注6）					1.25						
日影規制	対象建築物	軒高7m超又は3階以上		10m超					軒高7m超又は3階以上	10m超		10m超			★軒高7m超又は3階以上、10m超
日影規制	測定面（m）	1.5		★4、6.5					1.5	★4、6.5		★4、6.5			★1.5、4
日影規制 規制値	5mラインの時間	★3、4、5				★4、5			★3、4、5	★4、5		★4、5			★3、4、5
日影規制 規制値	10mラインの時間	★2、2.5、3				★2.5、3			★2、2.5、3	★2.5、3		★2.5、3			★2、2.5、3
敷地規模規制の下限値		※200㎡以下の数値				※200㎡以下の数値（注8）			※200㎡以下の数値	※200㎡以下の数値（注8）			※200㎡以下の数値		

注1）※印を付けた制限は都市計画で定めるものを示す。
注2）＊印を付けた制限は特定行政庁が土地利用の状況等を考慮し当該区域を区分して都市計画審議会の議を経て定めるものを示す。
注3）＊＊印を付けた制限は特定行政庁が都市計画審議会の議を経て指定する区域内の数値を示す。
注4）指定容積率400%、500%の区域に限る。　注5）前面道路幅員が12m以上の場合で、かつ前面道路の1.25倍以上の範囲においては、1.5とする。
注6）日影規制対象区域内を除く。　注7）★印をつけた制限は条例で定めるものを示す。　注8）指定建ぺい率80%かつ防火地域にある耐火建築物を除く。

容積率、建ぺい率、さらに斜線制限がセットとなってメニューが設定されています。

この用途地域の規制については、現状の市街地の環境を保全する基本的なものであり、現在においても、必要なものと考えます。

② 用途地域の活用方法

ア 人口が集中する大都市の用途地域変更

依然として人口集中が進む一部の大都市においては、例えば、都市機能の集中によって商業業務機能の集中している地域が拡大してきた場合には、商業系の用途を拡大するといった用途地域の見直しが必要になると考えます。

イ 都市開発プロジェクトに伴う用途地域変更

人口増が収まり定常化、又は人口減少が進む地域においても、都市開発プロジェクトの実施によって事業地区単位で用途規制の緩和が必要になる場合があります。その場合には、用途地域をスポット的に変更するのではなく、地区計画、再開発等促進区を定めた地区計画などを活用して、用途地域を維持しつつ用途規制の緩和をすることが適切です。

ウ 技術進歩に伴う用途地域変更

今後の技術進歩に伴い、従来の工業用途などでも住宅などへの影響が軽微になる場合も想定されます。そのような特別の工業用途については、特別用途地区を活用して住居系の用途地区であっても、面的に広い範囲で特別な工業用途を緩和することもありえます。

同様の技術進歩の関係では、現在幹線道路沿いについては、自動車の騒音、大気汚染、PM（粒子状物質）などの関係から住居系の用途は原則定められていませんが、自動車の性能向上も著しいことから、準住居地域など住居系の用途地域の設定可能性も高まることが予想されます。

エ　住宅市街地での高齢者支援のための用途変更

第一種低層住居専用地域や第一種中高層住居専用地域においては、商業施設、事務所とも住宅と併用で50㎡の床面積しか認められません。しかし、**高齢化が進んだ住宅市街地などでは、高齢者の買い物や高齢者サービス支援という観点から、商店や福祉事務所の立地が個別に求められる場合も想定されます。この場合には、用途規制を商店等の立地を可能とする用途地域に緩和すると、ランダムに商業等の立地が進んでしまい、今まで培ってきた良好な住環境は壊れてしまいます。この場合には、まず、特定行政庁の個別の案件ごとの許可（利害関係者の意見聴取と建築審査会の同意が必要）で対応するのが望ましい方法の１つです（2018年建築基準法改正で建築審査会同意手続が一定の場合不要）。**

しかし、特定行政庁の許可は、個々の事業者と対峙する制度なので過去の運用で買い物や高齢者支援などの観点で許可を認めていないと急に許可を認めることが難しいという声も聞きます。この場合には、2つ方法があります。1つは、**2-2-4**（P150）の地区計画で述べているとおり、地区計画を定めて用途規制を緩和する方法です。この手法は、地区全体として、高齢者向けの用途を例外的に立地することを認めるという都市計画としての方針を明らかにした上で個別に特定行政庁が緩和をできるので、優れています。また、用途規制に併せて容積率などの形態規制も同時に緩和できるメリットもあります。

その一方で、地区計画は都市計画決定にあたっての住民手続きが二段階（素案段階の地権者からの聴取と都市計画案の公告縦覧・意見書提出）になっていて手間がかかることなどの課題もあります。そこで、容積率などの形態規制は緩和せずに用途規制のみを緩和する場合には、特別用途地区という仕組みを活用することもありえます。

参照条文

建築基準法

第48条第1項（用途地域等）

参照通知

「第一種低層住居専用地域及び第二種低層住居専用地域におけるコンビニエンスストアの立地に対する建築基準法第48条の規定に基づく許可の運用について（技術的助言）」

（2016年8月3日　住宅局市街地建築課長）

コンビニエンスストアについては、建築基準法（昭和25年法律第201号。以下「法」という。）第48条の規定に基づき、良好な住環境を確保するため、規制が行われているところであるが、「規制改革の推進と都市計画・建築規制制度の運用について」（平成17年3月25日付け国都計第149号、国住街第295号）において「第一種低層住居専用地域に定められている区域において、低層住宅に係る良好な住居の環境を引き続き維持する必要がある一方、住民の日常的な生活圏域にも配慮して、主要な生活道路に面する地域等であって、コンビニエンスストア、ベーカリーショップ等を含む住民の日常生活のための小規模な店舗等を許容することがふさわしいと認められる地域については、地域の実情やニーズに応じて、必要に応じ、第二種低層住居専用地域への変更等、用途地域指定のきめ細かい運用を図る」旨を通知したところである。

今般、規制改革実施計画（平成28年6月2日閣議決定）（別紙）において「コンビニエンスストアについて、低層住宅に係る良好な住居の環境を害しない場合には、地域の実情やニーズに応じて、第一種低層住居専用地域における建築及び第二種低層住居専用地域における床面積制限を超えての建築ができるよう、建築基準法第48条の規定に基づく許可に係る技術的助言を発出し、その内容を周知徹底する」とされたことを踏まえ、「コンビニエンスストアの立地に対する建築基準法第48条の規定に関する許可準則」を定めたので、地方自治法（昭和22年法律第67号）第245条の4第1項の規定に基づく技術的助言として、下記のとおり通知する。

貴職におかれては、貴管内特定行政庁に対しても、この旨周知方お願いする。

記

第一種低層住居専用地域及び第二種低層住居専用地域におけるコンビニエンスストアの立地に対する建築基準法第48条の規定に基づく許可準則

第1　許可方針

コンビニエンスストアについて、第一種低層住居専用地域及び第二種低層住居専用地域における法第48条の規定に基づく許可をするにあたって、第2の許可基準に適合し、当該用途地域の良好な住居の環境を害するおそれがない等と認められるものについて、許可の対象とすること。

第2　許可基準

1．立地環境

コンビニエンスストアの許可にあたっては、低層住宅に係る良好な住居の環境を保護するという第一種低層住居専用地域又は第二種低層住居専用地域の目的を考慮しつつ、住民の日常的な生活圏域にも配慮して、住民の日常生活のために立地を許容するかどうかを総合的に判断すること。

その際、例えば以下のような地域の例も参考にされたい。

(1)　良好な住居の環境が形成されている地域であって、住民の徒歩圏内に日常生活のために必要な店舗が不足している等、地域の生活利便性に欠ける地域。

(2)　地域の主要な生活道路の沿道等、コンビニエンスストアの立地により良好な住居の環境を害するおそれがない地域。

(3)　良好な住居の環境を引き続き維持しつつも、例えば周辺環境における道路・鉄道の新設や土地区画整理事業の施行等により、土地利用の転換が将来的に見込まれる地域等、コンビニエンスストアの立地を今後の土地利用を考慮しつつ許容することが望ましいと考えられる地域。

（以下略）

コラム

最近、市町村が工夫している特別用途地区条例はどのようなものですか？

特別用途地区は、用途地域に定められた用途規制について、地区の実情に応じて、その規制を強化又は緩和するための都市計画です。都市計画手続きとしての住民手続きは通常の都市計画と同じく一段階（都市計画案の公告縦覧・意見書提出）となっており、具体的な制限内容は地方公共団体の条例（以前は都道府県の例もありましたが、近年は市町村が制定するのが通常です）で定めることになります。

ただし、用途規制を緩和する際には、国土交通大臣（ブロック毎にある地方整備局等）の承認を得る必要があります（これは先ほど述べた地区計画の場合と同じです）が、近年は国からは、あまり難しい指摘はされないようです。

また、特別用途地区条例については、次の表で示すとおり、緩和の対象となる建築物の建築等について、一律に緩和するだけでなく、市町村長が個別に許可等の手続きによって個別にチェックしてから緩和するといった独自の取組みもでてきています。

市町村で個別の許可等で緩和している特別用途地区条例の例

市町村	条例名	特別用途地区の名称	関係条文
昭島市	立川基地跡地広域行政機能地区建築条例	立川基地跡地広域行政機能地区	第４条　広域行政機能地区内においては、法第48条第６項の規定にかかわらず、刑事施設、少年院並びに婦人補導院に附属する次に掲げる建築物を建築することができる。 （1）から（6）省略 （7）その他市長が周辺の居住環境を害するおそれがないと認めるもの
大磯町	大磯町特別用途地区建築条例	邸園文化交流地区	第４条　邸園文化交流地区内の歴史的建造物と一体的に利用されている土地においては、法第48条第１項の規定にかかわらず、町長が 別表第２に掲げる建築物について、次の各号のいずれにも該当するものと認めて許可した場合にあっては、当該建築物を建築し、又は用途を変更して新たにこれらの用途に供することができる。

			(1) 歴史的建造物を活かした大磯町新たな観光の核づくり事業の推進に資するものであること。 (2) 周辺の環境を害するおそれがないこと。 (3) 周辺住民への十分な説明が行われ、理解が得られていること。
湯河原町	湯河原町観光地区建築条例	観光地区	第5条　第3種観光地区においては、法第48条第10項及び前条第2号の規定にかかわらず、見学施設を有する食品製造業を営む工場で、町長が周辺の環境を害するおそれがないと認め、かつ、観光立町湯河原の実現に資するものと認めて許可した場合においては、建築することができる。
燕市	燕市燕弥彦都市計画特別工業地区建築条例	特別工業地区	第2条　特別工業地区における別表に掲げる商品の製造を目的とする次に掲げる事業を営む工場で作業場の床面積の合計が100平方メートル以下のものは、法第48条第5項の規定にかかわらず、建築することができる。 別表　中分類：その他特に市長が認めたもの
明日香村	明日香村にぎわいの街建築条例	にぎわいの街地区	第4条　にぎわいの街及び阪合にぎわいの街内においては、法第48条第1項の規定にかかわらず、別表に掲げる建築物の建築又は当該用途への用途の変更をすることができる。ただし、別表第9項に掲げる建築物については、村長が次の各号のいずれにも該当するものと認めて許可したものに限る。 (1) 明日香村のむらづくりに資するものであること。 (2) 周辺の環境を害するおそれがないこと。 (3) 周辺住民の理解が得られていること。 別表9　事務所でその用途に供する部分の床面積の合計が150平方メートル以内のもの
菊池市	菊池市行政、文化、教育拠点特別用途地区建築条例	行政、文化、教育拠点特別用途地区	第2条　この条例における用語の意義は、法及び建築基準法施行令（昭和25年政令第338号。以下「令」という。）並びに当該各号の定めるところによる。 (1) 行政関連施設　本庁又は支庁、支所の用に供する施設に付属する動車車庫、観覧場（水泳場に限る）その他これらに類する施設であると市長が認めた建築物をいう。 (2) 文化施設　劇場その他これらに類する施設であると市長が認めた建築物をいう。 (3) 教育関連施設　学校給食共同調理場その他これらに類する施設であると市長が認めた建築物をいう。 第4条　特別用途地区の区域内においては、法第48条第3項の規定にかかわらず、次に掲げる建築物の建築、大規模の修繕及び大規模の模様替をすることができる。 (1) 行政関連施設 (2) 文化施設 (3) 教育関連施設

▶もっと勉強したい人のために

「建物用途規制緩和の運用実態とその解説」国土技術政策総合研究所資料No.1123、July 2020に、特別用途地区や地区計画などで用途規制を緩和した事例が多数紹介されています。

また、特別用途地区条例の特徴的な事例については、拙稿「「枠組み法化」の典型例としての特別用途地区条例の法的検討」土地総合研究2020年夏号を参照してください。

2-2-3 特定街区、高度利用地区、再開発等促進区を定めた地区計画、機能更新型地区計画、都市再生特別地区など規制緩和措置

(1) 規制緩和措置全般

ア 制度創設時の規制緩和措置の意義

既に、**Q16**（P30）の規制緩和の時代で説明したとおり、経済再生、地方活性化という観点から、都市計画規制の緩和、特に容積率の緩和が求められました。

実は、現行都市計画法制定前後から容積率等の緩和措置がありましたが、その後の経済再生の政策目的からいくつかの制度が創設されました。

現在においても、東京都心を始めとした大都市都心においては、高度利用の需要が高いことから、これらの規制緩和措置を活用する場面はあると思います。

イ 現時点での規制緩和措置の意義

容積率等の規制緩和は、実際の床需要をつくりだすものではなく、床需要があってそれが用途地域に基づく容積率等で抑えられている場合に、それを解放するときに効果があるものです。

人口増が定常化し、さらに人口減少が始まっているような地方都

市では、例えば、都市中心部であっても安易に規制緩和をしても結果として、地方活性化につながる都市開発事業は興らず、仮に興っても、地方活性化にあまり影響のないタワー型の分譲マンションができたりします。

今後、規制緩和措置を活用すべきかどうかについては、地域経済の状況、床需要の高まりなどを、経済データ、地価データ、人口流入状況などから、市町村は政策効果が発現するかどうかを適切に判断する必要があります。

⑵ 特定街区、高度利用地区、再開発等促進区を定めた地区計画、機能更新型地区計画、都市再生特別地区

① 全体的な整理

基本的には、高度利用を前提にした場合に最も障害となる容積率の緩和を中心に、それぞれにメニューによって緩和内容及び緩和の手続きが異なっています。これは、制度創設の順序や歴史的経緯によるものと考えられます。

なお、運用として都市再生特別地区以外の規制緩和措置は、一つひとつの貢献度の積み上げで容積率等の緩和内容を算定する形になっているのに対して、**都市再生特別地区は、第３章で述べているとおり、国が都市再生を緊急に進めるべきと位置付けた都市再生緊急整備地域内でのみ適用される制度です。この国としての位置付けを前提にして、個別の積み上げなしに都市計画を決定する者が柔軟に容積率等の内容を定めることとされています。**また、この趣旨を都市計画運用指針でも国土交通省も述べています。

② 個々の規制緩和措置の内容

個々の規制緩和措置について、都市計画で定める内容、緩和される制限の内容、緩和をするための手続きは次頁の表のとおりです。

規制緩和措置の内容

	計画事項	緩和の内容	緩和の手続き
特定街区	容積率	容積率	建築確認
	高さの最高限度	建ぺい率	
	壁面の位置の制限	敷地面積	
		斜線制限	
		日影制限	
高度利用地区	容積率の最高・最低限度	容積率	建築確認
	建ぺい率の最高限度	斜線制限	特定行政庁の許可（建築審査会同意）
	建築面積の最低限度		
	壁面の位置の制限		
再開発等促進区を定めた地区計画	都市施設と地区施設との中間になる道路等の施設	容積率	特定行政庁の認定
	土地利用の基本的方針	建ぺい率	特定行政庁の認定
		低層住居専用地域の高さ制限	特定行政庁の認定
		斜線制限	特定行政庁の許可（建築審査会同意）
		用途規制	特定行政庁の許可（利害関係者の意見聴取、建築審査会同意）
機能更新型地区計画	容積率の最高・最低限度	容積率	建築確認
	建ぺい率の最高限度	斜線制限	特定行政庁の許可（建築審査会同意）
	建築面積の最低限度		
	壁面の位置の制限		
都市再生特別地区	建築物、工作物の用途	用途規制	建築確認
	容積率の最高・最低限度	容積率	建築確認
	建ぺい率の最高限度	高さ制限	建築確認
	建築面積の最低限度	日影規制	建築確認
	壁面の位置の制限		

参照条文・都市計画運用指針

〈特定街区〉

都市計画法

第8条第3項第1号、第2号リ（地域地区）

第9条第19項

建築基準法

第60条（特定街区）

都市計画運用指針

Ⅳ–2　都市計画の内容

Ⅳ－２－１　土地利用

Ⅱ）個別の事項

D　地域地区

8. 特定街区

⑵　基本的な考え方

①　特定街区を指定する街区について

特定街区は、街区として形が整い、かつ、地域の特性に応じて、オープンスペースとしての機能が期待できる広さの空地を確保しつつ、形態規制を加えてもなお、有効・高度利用を図ることが可能なだけの建築敷地が確保できるとの観点から、ある程度まとまった規模の街区について指定することが望ましい。ただし、一体的かつ計画的に整備を図る複数の街区について個々に特定街区の指定を行う場合、地区全体が相当規模を有し、かつ、計画の一体性が確保されるとともに、個々の街区が適切な規模の幅員の道路に囲まれているのであれば、比較的小規模の街区においても、指定の趣旨は生かされるものである。また、必要に応じて、複数の特定街区について、全体を一の街区とみなして容積率の指定を行うことも考えられる。

〈高度利用地区〉

都市計画法

第8条第3項第1号、第2号チ（地域地区）

第9条第18項

建築基準法

第59条（敷地内に広い空地を有する建築物の容積率等の特例）

都市計画運用指針
Ⅳ－2　都市計画の内容
Ⅳ－2－1　土地利用
Ⅱ）個別の事項
D　地域地区
7. 高度利用地区
⑴　趣旨

このため、例えば次に掲げる区域において高度利用地区を指定することが考えられる。

a　枢要な商業用地、業務用地又は住宅用地として土地の高度利用を図るべき区域であって、現存する建築物の相当部分の容積率が都市計画で指定されている容積率より著しく低い区域

b　土地利用が細分化されていること、公共施設の整備が不十分なこと等により土地の利用状況が著しく不健全な地区であって、都市環境の改善上又は災害の防止上土地の高度利用を図るべき区域

c　都市基盤施設が高い水準で整備されており、かつ、高次の都市機能が集積しているものの、建築物の老朽化又は陳腐化が進行しつつある区域であって、建築物の建替えを通じて都市機能の更新を誘導する区域

d　大部分が第一種中高層住居専用地域及び第二種中高層住居専用地域内に存し、かつ、大部分が建築物その他の工作物の敷地として利用されていない区域で、その全部又は一部を中高層の住宅用地として整備する区域

e　高齢社会の進展等に対応して、高齢者を初めとする不特定多数の者が円滑に利用できるような病院、老人福祉センター等の建築物を整備すべき区域であって、建築物の建替え等を通じた土地の高度利用により都市機能の更新・充実を誘導する区域

〈再開発等促進区を定めた地区計画〉
都市計画法
第12条の5第5項（地区計画）
建築基準法
第68条の3第1項～第6項（再開発等促進区等内の制限の緩和等）

都市計画運用指針
Ⅳ–2　都市計画の内容
Ⅳ－２－１　土地利用
Ⅱ）個別の事項
G. 地区計画（法第12条の5関係）
3. 地区計画の都市計画において決定すべき事項
⑶　再開発等促進区
①　趣旨
このため、例えば、次に掲げる場合において再開発等促進区を指定することが考えられる。
1）工場、倉庫、鉄道操車場又は港湾施設の跡地等の相当規模の低・未利用地について、必要な公共施設の整備を行いつつ一体的に再開発することにより土地の高度利用を図る場合
2）埋め立て地等において必要な公共施設の整備を行いつつ一体的に建築物を整備し、土地の高度利用を図る場合
3）住居専用地域内の農地、低・未利用地等における住宅市街地への一体的な土地利用転換を図る場合
4）老朽化した住宅団地の建替えを行う場合
5）木造住宅が密集している市街地の再開発等の場合

〈機能更新型地区計画〉
都市計画法
第12条の8（高度利用と都市機能の更新とを図る地区整備計画）
建築基準法
第68条の5の3（高度利用と都市機能の更新とを図る地区計画等の区域内における制限の特例）

都市計画運用指針
Ⅳ–2　都市計画の内容
Ⅳ－２－１　土地利用
Ⅱ）個別の事項
G. 地区計画（法第12条の5関係）
6. 高度利用型地区計画
⑴　趣旨
本制度の適用の例としては、以下のような場合が考えられる。

1）枢要な商業用地、業務用地又は住宅用地として土地の高度利用を図るべき区域であって、現存する建築物の相当部分の容積率が都市計画で指定されている容積率より著しく低い区域
2）土地利用が細分化されていること等により土地の利用状況が著しく不健全な地区であって、都市環境の改善上又は災害の防止上土地の高度利用を図るべき区域
3）都市基盤施設が高い水準で整備されており、かつ、高次の都市機能が集積しているものの、建築物の老朽化又は陳腐化が進行しつつある区域であって、建築物の建替えを通じて都市機能の更新を誘導する区域
4）大部分が第一種中高層住居専用地域及び第二種中高層住居専用地域内に存し、かつ、大部分が建築物その他の工作物の敷地として利用されていない区域で、その全部又は一部を中高層の住宅用地として整備する区域
5）高齢社会の進展等に対応して、高齢者を初めとする不特定多数の者が円滑に利用できるような病院、老人福祉センター等の建築物を整備すべき区域であって、建築物の建替え等を通じた土地の高度利用により都市機能の更新・充実を誘導する区域
6）宿泊施設の誘導や更新を図るべき区域

〈都市再生特別地区〉

都市再生特別措置法

第36条（都市再生特別地区）

建築基準法

第60条の2（都市再生特別地区）

都市計画運用指針

Ⅳ−2 都市計画の内容

Ⅳ−2−1 土地利用

Ⅱ）個別の事項

G. 地区計画（法第12条の5関係）

9. 都市再生特別地区

⑵ 基本的な考え方

② また、都市再生特別地区では、地域整備方針で示された方向に沿って

> 土地の合理的かつ健全な高度利用を図ることが求められることから、容積率及び高さの最高限度、壁面の位置の制限等について、高度利用地区、特定街区等の容積率の特例制度において行われているような有効空地の確保や導入施設の内容等個別項目ごとに一定の条件を満たせば一定の容積率等の緩和を認めるといった積み上げ型の運用ではなく、都市の魅力や国際競争力を高める等、当該都市開発事業が持つ都市再生の効果等に着目した柔軟な考え方の下に定めることが望ましい。その際、当該都市開発事業とあわせて当該都市再生特別地区の区域外の土地の区域において幅広い環境貢献の取組（緑地の保全・創出、歴史的建造物等の保存・活用、親水空間の整備、必要な都市機能の整備・管理等の都市全体からみた都市の魅力の向上、地域の浸水被害防止のための雨水貯留施設の整備等の都市の防災機能の確保等に資する取組）を民間事業者が行う場合にあっては、これを積極的に評価することも考えられる。

⑶　容積率の隔地貢献と容積率移転

①　議論の背景

Q20（P40）にも述べましたとおり、容積率は、建築行為に伴う、道路、下水道などの社会インフラに対する過度な負荷を抑制するためのルールです。このため、容積率に特例を認める制度は、原則として、建築行為に伴う社会インフラの負荷に対応して、道路などの都市基盤施設や空地などのオープンスペースを確保することとのバーターで緩和されることになります。この理屈からは、開発地区内又は隣接して社会インフラを整備することが前提となります。

その一方で、都市財政の悪化などの経済社会状況から、社会インフラの整備が必要な地区が必ずしも開発地区及びその隣接地ではない場合にも、容積率の緩和のインセンティブを使って、開発事業者に社会インフラの整備をお願いできないか、という要望がでてきました。

② 容積率の隔地貢献

都市計画法運用指針においては、様々な容積率特例制度のうち、都市再生特別地区に限定して、地区外での社会インフラ整備といった貢献を容積率緩和の際に評価することを認めています。

これは、地区外での社会インフラ整備を容積率に勘案することを野放図に認めると、社会インフラとのバランスで容積率を決めるという制度の根幹が揺らいでしまい、むしろ、これから大きな床需要が望めない都市が多数である我が国の都市の現状からみても適切ではないという判断からです。都市再生特別地区は、容積率の積み上げ方式で緩和する運用ではないという特殊性をもっており、容積率の上限設定に柔軟性のあることから、都市再生特別地区に限って、地区外の貢献を容積率設定に勘案することを認めているものです。

③ 容積率移転等

離れた地区での社会インフラの整備などの貢献を勘案することを誤解して、「容積率の移転」とか、「容積率の売買」という用語が用いられることがあります。

しかし、容積率などの都市計画に定められている制限は、都市計画決定主体である行政主体が定めるものであって、個人の財産ではありません。よって、個人間の財産の売買に類似した「容積率の移転」とか「容積率の売買」という用語は、都市計画の専門家としては用いないようにしましょう。

なお、東京駅丸の内側で用いられた、特例容積率適用地区という制度は一見、容積率を移転、売買したように見えますが、対象区域を都市計画に定めた上で、特定行政庁が容積率を指定する仕組みになっています。

参照条文・都市計画運用指針

Ⅳ－２－１　土地利用

Ⅱ）個別の事項

D. 地域地区

9. 都市再生特別地区

⑵　基本的な考え方

②　また、都市再生特別地区では、地域整備方針で示された方向に沿って土地の合理的かつ健全な高度利用を図ることが求められることから、容積率及び高さの最高限度、壁面の位置の制限等について、高度利用地区、特定街区等の容積率の特例制度において行われているような有効空地の確保や導入施設の内容等個別項目ごとに一定の条件を満たせば一定の容積率等の緩和を認めるといった積み上げ型の運用ではなく、都市の魅力や国際競争力を高める等、当該都市開発事業が持つ都市再生の効果等に着目した柔軟な考え方の下に定めることが望ましい。その際、当該都市開発事業とあわせて当該都市再生特別地区の区域外の土地の区域において幅広い環境貢献の取組（緑地の保全・創出、歴史的建造物等の保存・活用、親水空間の整備、必要な都市機能の整備・管理等の都市全体からみた都市の魅力の向上、地域の浸水被害防止のための雨水貯留施設の整備等の都市の防災機能の確保等に資する取組）を民間事業者が行う場合にあっては、これを積極的に評価することも考えられる。

▶もっと勉強したい人のために

容積率特例制度の隔地貢献を使う場合の留意点などについて、理論的なことから整理したものとして、土地総合研究所「容積率特例制度の隔地貢献に関する提言」土地総合研究2021年冬号を参照してください。

2-2-4 地区計画

⑴ 地区計画の意義

ア 地区計画の内容

地区計画は、市街地でのベースの土地利用規制である用途地域が数ヘクタール単位の面積で指定され、容積率や建ぺい率などの数字で大まかに規制するのに対して、より小さな地区を対象にして、建物の壁面の位置の指定や形態意匠、さらに地区レベルでの道路や公園、緑地などを定めて、土地利用に関する、より詳細でミクロな計画として、1980（昭和55）年に創設されました。

その後、1988（昭和63）年に再開発地区計画が創設されるなど、規制緩和のための措置として創設され、活用されてきています。

イ 地区計画の種類

なお、地区計画の種類は、法律上は、地区計画、沿道地区計画、集落地区計画、防災街区整備地区計画、歴史的風致維持向上地区計画の五つです。

さらに、地区計画を定めた場合の特例の内容から、○○型地区計画と呼ぶ通称があります。このなかでは、既に述べたとおり、街並み誘導型地区計画が重要です。

地区計画の表

	地区計画		防災街区整備地区計画	歴史的風致維持向上地区計画	沿道地区計画		集落地区計画
		再開発等促進区				沿道再開発等促進区	
誘導容積型	○	○	○		○	○	
容積適正配分型	○		○		○		
高度利用型	○				○		
用途別容積型	○	○	○		○	○	
街並み誘導型	○	○	○	○	○	○	

⑵　地区計画の活用方法

ア　人口増加都市での地区計画

人口増加が依然として進み、都市機能が集中している都市の中心部においては、従来どおり、容積率等の規制緩和を目的とした地区計画が用いられると考えます。

イ　密集市街地での地区計画

大都市の周辺にある密集市街地など不良住宅等が集積している地区において、地権者による段階的でより防災性能の高い建築物への建て替えを誘導するためにも地区計画は活用すべきです。特に、前面道路の容積率制限や道路斜線を緩和できる街並み誘導型地区計画制度が有効です。

ウ　人口減少都市での地区計画

人口増が定常状態になり、もしくは人口減少になっている都市においても、既に述べたとおり（**2–2–2⑵②エ**（P135）参照）、**住宅市街地での高齢者支援のための商業や福祉事務所の立地を可能とすることが必要となります。この際、再開発等促進区を定めた地区計画を活用することが期待されます。中心市街地での小規模な事業に対応するために用途などを緩和する場合も同様です。**

エ　建築協定の代替措置としての地区計画

良好な住環境を維持していくために建築協定を定めている場合で、更新時期に円滑にできないときには、地区計画によって市町村が主体的に都市計画決定を行い、住環境保全を支援することも重要です。

参照条文・都市計画運用指針

2–2–3（P140）で述べた再開発促進区等を定めた地区計画及び機能更新型地区計画以外の地区計画について

〈容積誘導型〉
都市計画法
第12条の6（建築物の容積率の最高限度を区域の特性に応じたものと公共施設の整備状況に応じたものとに区分して定める地区整備計画）

〈容積適正配分型〉
都市計画法
第12条の7（区域を区分して建築物の容積を適正に配分する地区整備計画）

〈用途別容積型〉
都市計画法
第12条の9（住居と住居以外の用途とを適正に配分する地区整備計画）

〈街並み誘導型〉
都市計画法
第12条の10（区域の特性に応じた高さ、配列及び形態を備えた建築物の整備を誘導する地区整備計画）
建築基準法
第68条の5の5（区域の特性に応じた高さ、配列及び形態を備えた建築物の整備を誘導する地区計画等の区域内における制限の特例）

都市計画運用指針
Ⅳ−2　都市計画の内容
Ⅳ−2−1　土地利用
Ⅱ）個別の事項
G. 地区計画
8. 街並み誘導型地区計画
⑴ 趣　旨
法第12条の10の規定による地区計画（以下、単に「街並み誘導型地区計画」という。）は、地区の特性に応じた建築物の高さ、配列及び形態並びに工作物の設置の制限等必要な規制を定め、建築物の形態に関する制限の緩和を行うことにより、個別の建築活動を通じて統一的な街並みを誘導

しつつ、地区内に適切な幅員の道路を確保することにより、土地の合理的かつ健全な有効利用の推進及び良好な環境の形成を図ることを目的としている。本制度の適用の例としては、以下のような場合が考えられる。

1）都心部又はその周辺部において、建築の更新が停滞している地域等で、地域コミュニティの安定化、市街地環境の確保、公共公益施設の有効利用等の観点からみて、必要な建築物の用途制限を定め、土地の合理的かつ健全な有効利用を進め住宅の確保及び供給促進を図る必要がある場合

2）木造共同住宅等が密集している住宅市街地で、居住環境の向上を図るとともに、良質な住宅の供給を促進するため、土地の合理的かつ健全な有効利用を図る必要がある場合

3）商店街で建築物の建替えが相当程度行われる地域において、土地の有効利用を促進するとともに、機能的で魅力ある商店街を形成するよう誘導する必要がある場合

4）住工混在の既成市街地において、地場産業等の工業の利便の維持・増進と居住環境の向上を併せて図る必要がある場合

5）相当の土地利用転換が行われる地域において、街区単位で背割線に沿って中庭的な空間を確保しつつ、良好な一団の住宅市街地整備を行う必要がある場合

2-2-5　生産緑地とその他の都市計画との複合的活用措置（市街化区域内農地対策）

Q49（P102）に述べたとおり、2022（令和4）年以降、三大都市圏特定市の市街化区域内農地は、固定資産税と相続税の緩和と開発規制の2つの観点から、P155・156の表の行7、8、9で記載しているとおり、特定生産緑地、特定生産緑地に指定を受けなかった生産緑地、もとから生産緑地の指定を受けていない農地の3つに分けて、存在しています。

市街化区域内農地は、都市環境の維持のためにも保全することが必要です。その一方で市場の圧力に任せていると、特定生産緑地に指定を受けなかった農地などを対象にして十分な基盤整備を伴わな

い住宅開発などを進んで住環境が悪化するとともに、空家が存在して住宅余りの市街地にさらに質の悪い住宅が過剰に供給されるおそれもあります。

このため、市街化区域農地を含んだ地区では、一定の規制緩和措置を伴うことによって農地所有者にもメリットを提供しつつ農地保全と質の高い住宅供給を進めることが期待されます。

この手法としては、P101のコラムに述べた田園住居地域を活用することが1つの案です。P155・156の表の行1列Bの用途規制緩和があるとともに、行8列Bの特定生産緑地の指定を受けなかった生産緑地に、宅地並み課税より有利な中間的な税制措置があるのが農地所有者にとってメリットです。

ただし、行4、5列Bで記載しているとおり、田園住居地域に指定すると追加の建築・開発許可が義務付けられることから、農地所有者の理解が得にくいかもしれません。

その場合には、列Cに記載している旧住宅地高度利用地区計画（現在は「再開発等促進区を定める地区計画の「等」に含まれています）を活用することも考えられます。この旧住宅地高度利用地区計画は1990（平成2）年に都市計画法改正によって創設された制度で、もともと市街化区域内農地を含んだ第一種第二の低層住居専用地域の用途地域が定められた地区において、農地保全と質の高い住宅供給を進めるために、絶対高さ制限の緩和、容積率、建ぺい率等の緩和を内容とするものです。

近年は、名称が「再開発等促進区を定める地区計画」の「等」に含まれているため、あまり注目されませんが、農地を保全しつつ質の高い住宅供給のための事業性を確保するためには、絶対高さ制限の緩和や建ぺい率、容積率の緩和が有効なことから、活用を検討する価値はあります。

三大都市圏特定市の市街化区域内農地に適用される制度例

			A	B			C
			生産緑地指定のみ	田園住居地域を追加で定める			旧住宅地高度利用地区計画を追加で定める
1	都市計画に定める規制内容とその緩和措置	用途の制限	・一低専にある農地で農家レストラン等を立地するためには特定行政庁の許可が必要（△） ・150㎡超の店舗や加工場など2段階以上の緩和となる場合があり、許可運用が難しい場合あり	・2種低専とほぼ同等の用途制限であるが、500㎡未満の直売所、農家レストラン、農業用倉庫、農産物の加工場等の建築が可能			・農家レストラン等の立地のために、地区計画に定めた方針に従って特定行政庁が許可（○） ・地区計画に方針が書かれているので2段階以上の許可も可能
2		形態の制限		・一低層と同じメニューから指定			・用途地域に定めている絶対高さ、容積率、建ぺい率を地区計画に定めた内容に従って特定行政庁の認定（裁量の余地なし）で緩和（○）
3		施設等の規定		・規定できない			・不足している区画道路などを地区施設として規定できる
4	都市計画法に基づく農地の開発規制内容	第52条の農地開発の際の建築・開発許可		300㎡未満の農地開発	300㎡以上500㎡未満の農地開発	500㎡以上の農地開発	
5				・開発行為に許可必要 ・市町村長は義務付け許可（×）	・開発行為に許可必要 ・原則不許可が国の方針（法文上は、例外的に許可が可能）（×）	・開発行為に許可必要 ・原則不許可が国の方針（法文上は、例外的に許可が可能）（×）	
6		第29条の一般の開発許可	・許可不要（○）	・許可不要（○）	・許可不要（○）	・上段の第52条の許可に加え、第29条の許可が必要（×）	・上段の第52条の許可に加え、第29条の許可が必要（×）

			A	B	C
			生産緑地指定のみ	田園住居地域を追加で定める	旧住宅地高度利用地区計画を追加で定める
7	生産緑地法に基づく規制内容と税制特例	特定生産緑地(当初生産緑地に指定され、さらに特定生産緑地に指定された農地)	①固定資産税：農地評価(○) ②相続税：猶予あり(○) ③農地開発・建築には許可必要(×) 農業用施設、農産物加工場、農家レストラン、直売所のみ許可可能。 この許可を受けた場合には、都市計画法第52条の許可不要	①固定資産税：農地評価(○) ②相続税：猶予あり(○) ③農地開発・建築には許可必要(×) 農業用施設、農産物加工場、農家レストラン、直売所のみ許可可能。 この許可を受けた場合には、都市計画法第52条の許可不要	①固定資産税：農地評価(○) ②相続税：猶予あり(○) ③農地開発・建築には許可必要(×) 農業用施設、農産物加工場、農家レストラン、直売所のみ許可可能。 この許可を受けた場合には、都市計画法第52条の許可不要
8		非特定生産緑地(当初生産緑地に指定されたが、30年経過後に特定生産緑地の指定を受けなかった農地)	①固定資産税：宅地並み課税(×) ②相続税：現世代のみ猶予あり(△) ③生産緑地法上の建築・開発制限あり。ただし、買取り申し出後3ヶ月以内に市町村長が買取りしない場合には建築・開発制限が消滅(△)。	①固定資産税：300㎡以上の部分については宅地並み評価の半分程度の課税(△) ②相続税：猶予あり(○) ③農地の開発・建築制限あり。ただし、買取買取り申出後に3月以内に市町村等が買取りしない場合には、生産緑地法上の建築・開発制限は消滅(△)	①固定資産税：宅地並み課税(×) ②相続税：現世代のみ猶予あり(△) ③生産緑地法上の建築・開発制限あり。ただし、買取り申し出後3ヶ月以内に市町村長が買取りしない場合には建築・開発制限が消滅(△)。
9		その他の農地(当初から生産緑地に指定されていない農地)	①固定資産税：宅地並み課税(×) ②相続税：猶予なし(×) ③生産緑地法上の建築・開発制限なし(○)	①固定資産税：300㎡以上の部分については宅地並み評価の半分程度の課税(△) ②相続税：猶予あり(○) ③生産緑地法上の建築・開発制限なし(○)	①固定資産税：宅地並み課税(×) ②相続税：猶予なし(×) ③生産緑地法上の建築・開発制限なし(○)

(備考)○は農地所有者にとって有利、△は中間的、×は農地所有者にとって不利なことを意味します。

旧住宅地高度利用地区計画の活用イメージ図

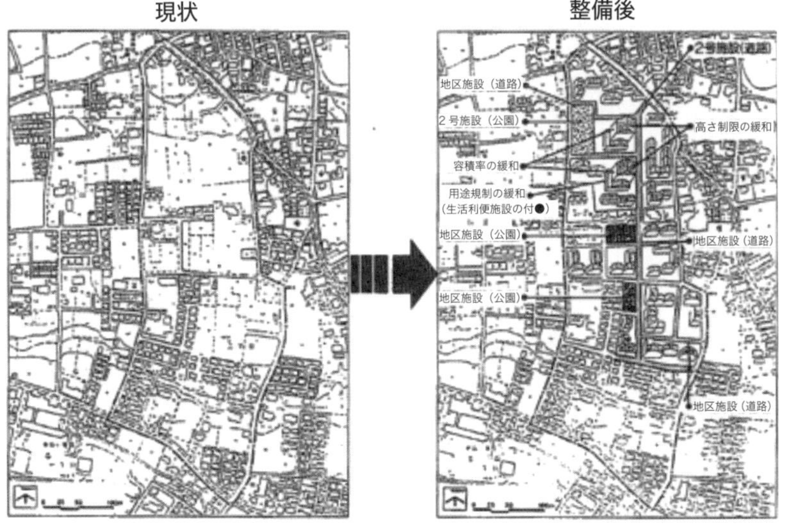

参照（都市計画運用指針）

Ⅳ－２　都市計画の内容

Ⅳ－２－１　土地利用

G. 地区計画（法第12条の５関係）

3. 地区計画の都市計画において決定すべき事項

⑶　再開発等促進区

①　趣　旨

再開発等促進区を定める地区計画は、まとまった低・未利用地等相当程度の土地の区域における土地利用の転換を円滑に推進するため、都市基盤整備と建築物等との一体的な整備に関する計画に基づき、事業の熟度に応じて市街地のきめ細かな整備を段階的に進めることにより、都市の良好な資産の形成に資するプロジェクトや良好な中高層の住宅市街地の開発整備を誘導することにより、都市環境の整備・改善及び良好な地域社会の形成に寄与しつつ、土地の高度利用と都市機能の増進を図ることを目的としている。

このため、例えば、次に掲げる場合において再開発等促進区を指定することが考えられる。
1）2）略
3）住居専用地域内の農地、低・未利用地等における住宅市街地への一体的な土地利用転換を図る場合
4）5）略

▶もっと勉強したい人のために

拙稿「生産緑地制度及び田園住居地域制度の規制及び税制優遇措置について」土地総研リサーチ・メモ2019年8月31日を参照してください。

2-2-6 都市施設

⑴ 都市施設の意義

都市施設を都市計画で定めることによって、建築行為に許可が必要になります。これによって、市街地での都市施設予定地における建築行為を抑制し簡易な建物のみの建築を認めることによって、物件補償費を軽減することができます。さらに、用地買収に当たっても、5,000万円の特別控除などの税制特例が確実に受けられます。

このため、都市施設は都市部において計画的に都市施設を整備する上で有効な制度です。

⑵ 都市施設の活用方法

ア　都市施設の都市計画決定の状況

現実の都市施設の都市計画決定の状況をみると、社会資本整備総合交付金で都市施設の都市計画決定及び都市計画事業認可が要件となっている道路、都市高速鉄道、都市公園、下水道の事例が多くなっています。

イ　今後の都市施設の都市計画決定の必要性

今後は、都市財政が逼迫するなかで、都市施設を都市計画決定することによって、都市計画税が充当できることから、都市施設の所管が国土交通省かどうかにかかわらず、都市施設として都市計画決定する可能性が高まると考えます。

また、都市施設の都市計画決定は都市施設の改修や増築でも可能なことから既存の建築物の活用という観点からも都市計画決定の事例が増えると思います。さらに、都市施設の整備は民間事業者でも可能なことから、いわゆる公民連携事業での活用も期待されます。

ウ　近年創設された都市施設

都市施設の種類としては近年「一団地の復興拠点市街地形成施設」などの「一団地」系の施設が新設されています。この新しいタイプの都市施設は、土地収用法には類似のものが存在せず、都市施設の都市計画決定が収用という強制権を取得する唯一の手法となります。

東日本大震災の際には、この一団地系の都市施設は、用地買収費が補助対象になったため、広く使われました。その後、平時における災害予防の観点から、2021（令和3）年に都市計画法が改正され、避難場所機能などを有する「一団地の都市安全確保拠点施設」とそれに関する補助制度（社会資本整備総合交付金の一部）が創設されました。特に、この補助制度は、近年の都市局補助制度で除外しがちな政令指定都市においても活用できる点に特徴があります。

いずれの一団地の都市施設とも、従来の都市施設のように国や地方公共団体が管理する施設ではなく、民間が所有し管理する場合であっても、その公益的な機能に着目して、税制、補助などの支援措置が講じられる点に特徴があります。

エ　一団地の住宅施設の変更

大都市郊外部で高度成長期に住宅市街地の開発を行った事業地区においては、一団地の住宅施設を決定している事例がみられます。高度成長期に開発された住宅団地などは、居住者の高齢化と建物の老朽化が進んでいます。このため、集合住宅の建て替え事業や、リノベーションなど、住宅団地の再生が必要となっています。この際には、**住宅団地の再生が円滑に進むよう、積極的に一団地の住宅施設を変更することが考えられます。特に、2011（平成23）年都市計画法改正によって、一団地の住宅施設の計画事項のうち、容積率、建ぺい率、住宅の戸数等の建築物に関係する事項がすべて必須事項から任意の記載事項となったことから、建築物に関する計画事項を削除することもありえます。さらに、一旦、一団地の住宅施設の都市計画を廃止して、地区計画によって良好な住環境を維持するなど、都市計画の運用においても積極的な対応が求められます。**

住宅団地建設において、一団地の住宅施設と同じく建築基準法の緩和のために活用されていた建築基準法第86条第1項等に基づく「一団地認定」については、2016（平成28）年10月3日に職権取り消しを可能とする通知がでています。この考え方は、一団地の住宅施設の変更や廃止にも準じて考えることが可能です。

参照条文・都市計画運用指針

都市計画法
　第11条第1項～第3項（都市施設）

都市計画運用指針

Ⅳ-2　都市計画の内容

Ⅳ－２－２　都市施設

1. 都市施設に関する都市計画の基本的考え方

⑵　都市計画に定める都市施設

②　病院、保育所を初め、診療所、老人福祉施設その他の医療施設又は社会福祉施設等、主に民間が整備する都市施設については、都市施設として都市計画決定し、都市計画事業として整備を行うこともできるが、従前、必ずしも積極的に都市計画として定められなかったところである。

そもそも、都市は行政が整備した施設のみではなく民間施設が中心となって構成されていること、さらに人口減少や高齢化社会への対応、厳しい財政状況下における民間事業者を活用した都市計画の重要性等を鑑みれば、これら民間が整備する都市施設についても、その計画的な立地を図ることが極めて重要であり、例えば立地適正化計画への位置づけ等を契機として、必要に応じて都市計画に定めることが望ましい。

とりわけ、都市全体あるいは地域に必要な施設であって、特に公益性が高いものや、地方公共団体等から支援を行うもの等については、民間事業者により整備や運営が行われるものであっても、積極的に都市計画決定することが考えられ、その際、民間事業者により整備や運営が行われることだけをもって都市計画決定を躊躇するべきではない。

建築基準法

第86条第1項（一の敷地とみなすこと等による制限の緩和）

平成28年10月3日
国土交通省住宅局市街地建築課長

建築基準法第86条第1項等の一団地認定にかかる運用の明確化について（技術的助言）

（前文及び1．略）

2．一団地認定の職権取消しの明確化について

⑴ 一団地認定の職権取消しの考え方

一団地認定については、全員の合意による取消しの申出があった場合には、特定行政庁は安全上、防火上及び衛生上支障がない等と認めるときは、当該申請に係る一団地認定を取り消すものとされている（法第86条の5第2項及び第3項）が、認定後の事情により一団地認定を存続させることが妥当でないという状況が生じた場合については、建築基準法の条文にかかわらず、特定行政庁は、全員の合意がなくとも、職権で取り消すことができるものと解される。

⑵ 認定後の事情により一団地認定を存続させることが妥当でないという状況が生じた場合の考え方

認定後の事情により一団地認定を存続させることが妥当でないという状況が生じた場合とは、例えば、以下の場合が考えられる。

なお、以下に該当しない場合であっても、公告認定対象区域又は公告許可対象区域（以下「公告区域」という。）内に幹線道路が整備された場合や、災害等により公告区域内の建築物がほとんど滅失した場合等、地域の実情に応じて、総合的に一団地認定を存続させることが妥当でないと判断できる場合には、当該一団地認定を職権で取り消すことは可能である。

① 公告区域内の建築物がすべて除却された場合

従前と同様の建築物が再建されることが今後明らかに見込まれる場合を除き、公告区域内の建築物がすべて除却された場合が考えられる。

② 市街地再開発事業等の事業実施が見込まれる場合

例えば、都市再開発法（昭和44年法律第38号）に基づく市街地再開発事業の施行に関し、

・同法第72条第1項等の規定に基づき権利変換計画の認可がされた場合
・同法第11条第1項等の規定に基づき組合設立の認可がされた場合等

であって、これらの事業計画に基づき公告区域内のすべての建築物が建て替えられることが確実に見込まれる場合が考えられる。

なお、同法第110条第1項の規定に基づく権利変換計画を定める場合に

ついては、建替えについてすべての権利者の合意が得られている状況であるため、一団地認定の取消しについて全員の合意を得たうえで法第86条の5第1項に基づく申請を行うことも考えられる。

③　マンション建替え法に基づく建替えの事業実施が見込まれる場合

マンションの建替え等の円滑化に関する法律（平成14年法律第78号。以下「マンション建替え法」という。）に基づく建替えの施行に関し、

・同法第57条第1項の規定に基づき権利変換計画の認可がされた場合
・同法第9条第3項等の規定に基づき組合設立の認可等がされた場合等であって、これらの事業計画に基づき公告区域内のすべての建築物が建て替えられることが確実に見込まれる場合

が考えられる。

なお､建物の区分所有等に関する法律（昭和37年法律第69号。以下「区分所有法」という。）第70条第1項の規定に基づく一括建替え決議を経て、建替えに参加しない旨を回答したすべての区分所有者に対して区分所有法第70条第4項の規定に基づき準用する区分所有法第63条第4項の規定に基づく売渡し請求がされた場合や、全員同意により建替えを決定した場合（敷地利用権が借地権である場合においては、更に敷地所有者の承諾を得た場合）については、建替えについてすべての権利者の合意が得られている状況であるため、一団地認定の取消しについて全員の合意を得たうえで法第86条の5第1項に基づく申請を行うことも考えられる。

④　一団地認定が取り消されたとしても公告区域内のすべての建築物に建築基準法違反が発生しない場合

一団地認定が取り消されたとしても公告区域内のすべての建築物について建築基準法違反が発生しない場合については、一団地認定の実質的な意味を失っているものとして、当該一団地認定を存続させることが妥当でないと判断される場合があると考えられる。

なお、その場合、当該区域の良好な市街地環境を維持増進させる観点から、都市計画手法等の活用を図ることが望ましい。例えば、斜線制限等について街並み誘導型地区計画を活用しつつ、接道規定について位置指定道路と建築基準法第43条ただし書規定を併用し、区域内の日影規制の緩和については許可等による対応とするといったケースが想定されうる。

（以下、略）

出典：国土交通省住宅局市街地建築課長「建築基準法第86条第1項等の一団地認定にかかる運用の明確化について（技術的助言）」（平成28年10月3日）
http://www.mlit.go.jp/common/001147812.pdf

2-2-7 土地区画整理事業、市街地再開発事業の都市計画

⑴ 土地区画整理事業等の都市計画の意義

土地区画整理事業、市街地再開発事業の都市計画を決定した場合には、必ずその決定した区域内では、その事業を実施しなければならなくなります。その意味で行政の意図が明確になります。

また、都市施設と同様に都市計画決定をした区域内では、建築行為に許可が必要となります。また、面的に市街地を整備することから、建築行為を一切禁止することも可能です。

⑵ 土地区画整理事業等の都市計画の活用方法

ア 土地区画整理事業、市街地再開発事業の事業収支

土地区画整理事業、市街地再開発事業とも、事業収支をとることが必要な事業です。先にも述べたとおり、人口減少社会では、保留地、保留床の需要が減少していることから、都市計画決定をするにあたって、事業収支をより慎重に判断することが必要です。

例えば、民間事業者が共同事業者として参加しているか、地元金融機関が事業の経営の持続性までチェックして融資を行っているかなどの判断が必要です。

イ 柔軟な事業手法

二つの事業のうち、土地区画整理事業は、殆ど公共施設を整備せずに境界確定や土地交換のために実施することができます（境界確定型、敷地整序型土地区画整理事業）。この型であれば、公共施設を整備しないことから、少額の事務費だけで事業ができますし、人口減少都市でも実施の必要性、可能性が高いと考えます。

これに対して、市街地再開発事業は、土地区画事業のような柔軟な事業の運用は難しいことから、事業は、収支が確実に取れる大都市都心部での事業実施が望ましいと思います。

土地区画整理事業、市街地再開発事業の決定状況

（2021年3月31日現在）

	決定地区数	面積（ha）
土地区画整理事業	5,135	278,345.2
市街地再開発事業	1,269	1,811.8

参照条文

都市計画法

第12条第1項第1号・第4号、第2項、第3項（市街地開発事業）

3-1 都市計画の決定主体と手続きのポイント（基礎編）

Question 53

都市計画は誰が決定するのですか？

A 線引きと国道、都道府県道など広域的・根幹的な都市施設、国が定める計画に基づいて定める計画（都市再生特別地区等）に限って、都道府県知事が定め、それ以外は原則市町村が定めます。

ただし、政令指定都市は、整開保（**Q26**（P46）の参照）などを除き、都道府県知事が定める都市計画も含めて、都市計画を定めることができます。

都市計画決定一覧表（10次地域主権改革一括法施行後）

都市計画の内容		市町村決定（＊1）	都道府県（指定都市（＊2））決定	
		知事への協議	大臣同意不要	大臣同意必要
都市計画区域の整備、開発及び保全の方針	区域区分の有無及び方針並びに国の利害に重大な関係がある都市計画の決定の方針			●
	その他		●	
区域区分				○
都市再開発方針等			○	
地域地区	用途地域	○（＊3）		
	特別用途地区	○		
	特定用途制限地域	○		
	特例容積率適用地区	○（＊3）		
	高層住居誘導地区	○（＊3）		
	高度地区	○		
	高度利用地区	○		
	特定街区	○（＊3）		
	都市再生特別地区			○
	防火地域・準防火地域	○		
	特定防災街区整備地区	○		
	景観地区	○		

都市計画の内容				市町村決定（＊1）	都道府県（指定都市（＊2））決定	
				知事への協議	大臣同意 不要	大臣同意 必要
地域地区		風致地区	2以上の市町村の区域にわたる面積10ha以上のもの		○	
地域地区		風致地区	その他	○		
地域地区		駐車場整備地区		○		
地域地区		臨港地区	国際戦略港湾及び国際拠点港湾			○
地域地区		臨港地区	重要港湾		○	
地域地区		臨港地区	その他	○		
地域地区		歴史的風土特別保存地区				○
地域地区		特別緑地保全地区	2以上の市町村の区域にわたる面積10ha以上のもの		○	
地域地区		特別緑地保全地区	その他	○		
地域地区		（近郊緑地特別保全地区）				○
地域地区		緑地保全地域	2以上の市町村の区域にわたるもの		○	
地域地区		緑地保全地域	その他	○		
地域地区		緑化地域		○		
地域地区		流通業務地区			○	
地域地区		生産緑地地区		○		
地域地区		伝統的建造物群保存地区		○		
地域地区		航空機騒音障害防止地区			○	
地域地区		航空機騒音障害防止特別地区			○	
促進区域		市街地再開発促進区域		○		
促進区域		土地区画整理促進区域		○		
促進区域		住宅街区整備促進区域		○		
促進区域		拠点業務市街地整備土地区画整理促進区域		○		
遊休土地転換利用促進地区				○		
被災市街地復興推進地域				○		
都市施設	道路	一般国道	指定区間			○
都市施設	道路	一般国道	指定区間外	△（＊4）		○
都市施設	道路	都道府県道		△	○	
都市施設	道路	その他の道路		○		
都市施設	道路	自動車専用道路	高速自動車国道			○
都市施設	道路	自動車専用道路	その他		○（＊6）	
都市施設		都市高速鉄道				○
都市施設		駐車場		○		
都市施設		自動車ターミナル		○		
都市施設		空港	成田国際空港等（＊7）			●
都市施設		空港	新千歳空港等（＊8）、地方管理空港		●	
都市施設		空港	その他	○		

都市計画の内容			市町村決定（＊1） 知事への協議	都道府県（指定都市（＊2））決定 大臣同意不要	 大臣同意必要
都市施設	公園・緑地	国が設置する面積10ha以上のもの	△（＊4）		●
		都道府県が設置する面積10ha以上のもの	△	○	
		その他	○		
	広場・墓園	国又は都道府県が設置する面積10ha以上のもの	△ （＊4）（＊11）	○	
		その他	○		
	その他の公共空地		○		
	水道	水道用水供給事業		●	
		その他	○（＊3）		
	電気・ガス供給施設		○（＊3）		
	下水道 公共下水道	排水区域が二以上の市町村の区域		●	
		その他	○（＊3）		
	下水道 流域下水道			●	
	下水道 その他		○（＊3）		
	汚物処理場・ゴミ焼却場	産業廃棄物処理施設		○	
		その他	○		
	地域冷暖房施設		○		
	河川	一級河川	△（＊4）		●（＊5）
		二級河川	△	○（＊9）	
		準用河川	○		
	運河			○	
	学校	大学・高専	○		
		その他	○		
	図書館・研究施設等		○		
	病院・保育所等		○		
	市場・と畜場		○（＊3）		
	火葬場		○		
	一団地の住宅施設		○		
	一団地の官公庁施設				○
	流通業務団地			○	
	一団地の津波防災拠点市街地形成施設		○		
	電気通信事業用施設		○		
	防風・防火・防水・防雪及び防砂施設		○		
	防潮施設		○		
市街地開発事業	土地区画整理事業	国の機関又は都道府県が施行する面積50ha超	△	○	
		その他	○		
	新住宅市街地開発事業			○	
	工業団地造成事業			○	

都市計画の内容			市町村決定（＊1）	都道府県（指定都市（＊2））決定	
			知事への協議	大臣同意不要	大臣同意必要
市街地開発事業	市街地再開発事業	国の機関又は都道府県が施行する面積3ha超	△	○	
		その他	○		
	新都市基盤整備事業			○	
	住宅街区整備事業	国の機関又は都道府県が施行する面積20ha超	△	○	
		その他	○		
	防災街区整備事業	国の機関又は都道府県が施行する面積3ha超	△	○	
		その他	○		
市街地開発事業等予定区域	新住宅市街地開発事業予定区域			○	
	工業団地造成事業予定区域			○	
	新都市基盤整備事業予定区域			○	
	面積20ha以上の一団地の住宅施設予定区域		○		
	一団地の官公庁施設予定区域				○
	流通業務団地予定区域			○	
地区計画等	地区計画		○（＊3）（＊10）		
	防災街区整備地区計画		○（＊10）		
	歴史的風致維持向上地区計画		○（＊10）		
	沿道地区計画		○（＊3）（＊10）		
	集落地区計画		○（＊10）		

＊1　△印の都市計画は、市町村が作成する都市再生整備計画に都道府県知事の同意を得て当該都市計画の決定等を記載した場合に限る
＊2　●印の都市計画は、指定都市の区域においても、都道府県決定
＊3　特別区の存する区域においては、都が決定。なお、特定街区については面積が1haを超えるもの、地区計画及び沿道地区計画についてはそれぞれ3haを超える再開発等促進区又は沿道再開発等促進区を定めるものに限る
＊4　知事同意に加えて、大臣同意が必要
＊5　原則は都道府県決定だが、都市再生整備計画に係る都市計画の決定等の場合は指定都市決定
＊6　首都高速道路及び阪神高速道路については大臣同意が必要
＊7　成田国際空港、東京国際空港、中部国際空港、関西国際空港
＊8　新千歳空港、旭川空港、稚内空港、釧路空港、帯広空港、函館空港、仙台空港、秋田空港、山形空港、新潟空港、大阪国際空港、広島空港、山口宇部空港、高松空港、松山空港、高知空港、福岡空港、北九州空港、長崎空港、熊本空港、大分空港、宮崎空港、鹿児島空港、那覇空港
＊9　指定都市が決定するのは、一の指定都市の区域内に存するものに限る
＊10　都道府県知事の協議・同意事項は地区計画等の位置及び区域、地区施設等の配置及び規模等に限定
＊11　広場に限る

参照条文

都市計画法

第15条（都市計画を定める者）

第87条の2

都市計画法施行令

第9条（都道府県が定める都市計画）

第10条（法第十五条第一項第六号の政令で定める大規模な土地区画整理事業等）

Question 54

都市計画を定める手続きはどうなっているのですか？

A　都市計画は、市町村が定める都市計画は、2週間の都市計画案の縦覧ののち、市町村に設置した市町村都市計画審議会の議を経て、決定します。この際、市町村は都道府県に対して、都道府県が定める又は定めようとする都市計画との整合性を図る観点から協議をします。

また、大都市圏の都市構造に直結する線引きと高速道路などの国の利害に直結する都市計画については、国土交通大臣の同意が必要となっています。実際には、国土交通省地方整備局建政部等と相談することになります。

さらに、国土交通省関係以外では、線引きによって市街化区域の農地転用許可が届け出に変わる効果があるため、線引きの決定にあたっては、農林水産大臣（現実には地方農政局）と、道路などの都市施設を決定するにあたっては、施設管理者（国、都道府県、市町村の道路部局など）と協議することが必要となります。

参照条文

都市計画法

第16条（公聴会の開催等）
第17条第１項・第２項（都市計画の案の縦覧等）
第18条（都道府県の都市計画の決定）
第19条（市町村の都市計画の決定）

都道府県が定める都市計画決定等の手続

〈手続例〉

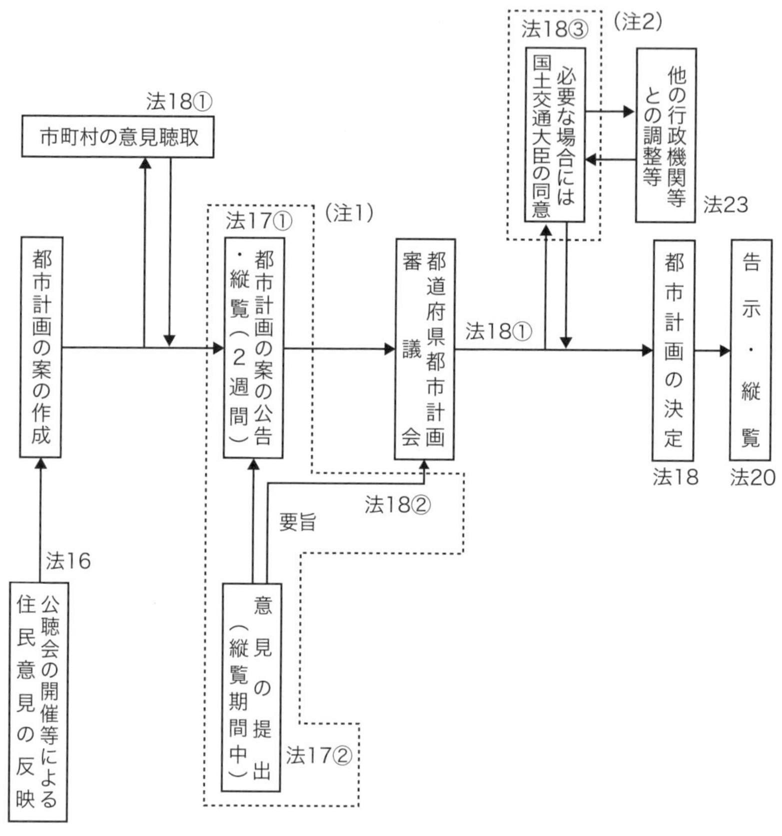

(注1) 名称のみの変更の場合には手続を要しない。

(注2) 国土交通大臣の同意については、名称のみの変更又は位置、区域、面積、構造等の軽易な変更については手続を要しない。

市町村が定める都市計画決定等の手続

〈手続例〉

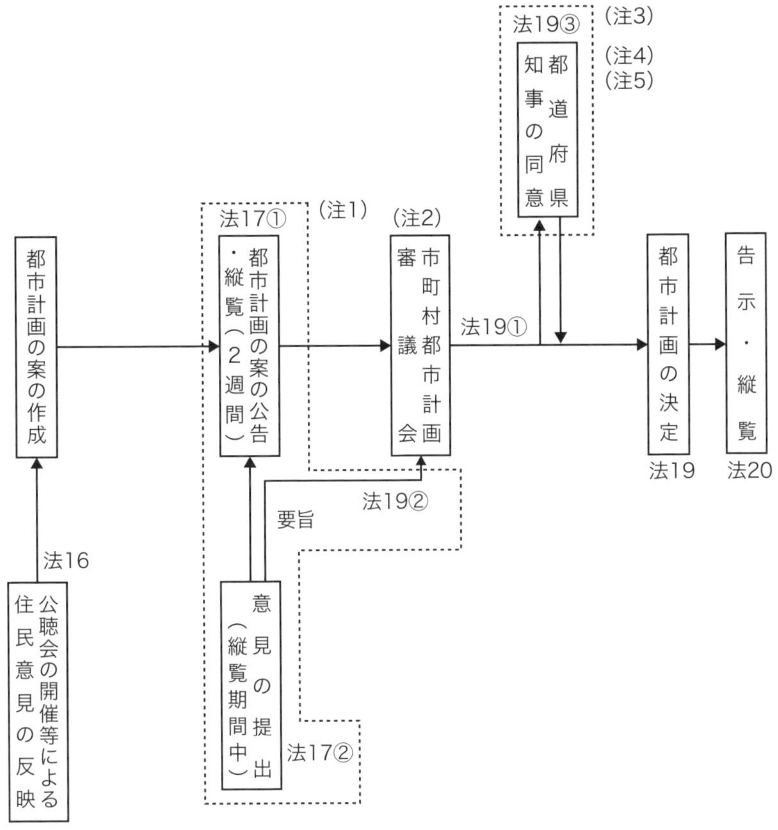

（注1）名称のみの変更の場合には手続を要しない。
（注2）市町村都市計画審議会が置かれていない場合は、都道府県都市計画審議会（法19①）
（注3）地区計画等に関する都市計画においては、知事の同意事項は、位置及び区域等令第14条の2に掲げる事項に限定。
（注4）都道府県知事の同意については、名称のみの変更又は位置、区域、面積、構造等の軽易な変更については手続を要しない。
（注5）市の決定する都市計画については、都道府県知事との協議に同意を要しない。

Question 55

市町村が都市計画を定めるにあたって、都道府県との協議は何のために行われるのですか？

A 市町村が都市計画決定をする際には、都道府県、具体的には都道府県の都市計画担当課と協議する必要があります。

この際に、本来、市町村の行政区域内で判断すべき事柄は、市町村に委ねるべきであるにもかかわらず、都道府県が市町村に対して細かな指導をする傾向がありました。

このため、1999（平成11）年の都市計画法改正で都市計画法第19条第1項に都道府県の調整する視点として、「一つの市町村の区域を超える広域的な見地からの調整を図る観点又は都道府県が定め、若しくは定めようとしている都市計画との整合を図る観点から」協議をすると明記されました。

さらに、2011（平成23）年、2020（令和2）年の2度の改正を経て、市町村が都市計画決定をする際には、都道府県の同意は不要となりました。

これらの改正を踏まえ、都道府県においては協議の際には、市町村の都市計画決定に対して、細かな技術的指導をすることをやめ、都道府県が定める都市計画など広域的観点から本当に必要がある事項以外は市町村の判断を尊重するように、運用することが求められます。

市町村の側からも、市町村の行政区域内で完結している都市計画の案については、都道府県との調整の段階で、技術的な指導、お節介な指導を受ける立場ではなく、自らの自主性が尊重されるべきものであることを十分理解し、また、都道府県に対しても主張してほしいと思います。

参照条文

都市計画法

（市町村の都市計画の決定）

第19条　4　都道府県知事は、一の市町村の区域を超える広域の見地からの調整を図る観点又は都道府県が定め、若しくは定めようとする都市計画との適合を図る観点から、前項の協議を行うものとする。

Question 56

都市計画を定めるときに議会の議決は必要ですか？

A 都市計画は、土地所有者等の開発行為や建築行為の内容を具体的に制限することから、この点を「法規性」がある、簡単にいえば、法律と同じような効果があるといえます。

この観点から、都市計画を定めるときに議会の議決が必要なのではないか、との議論があります。また、例えば、ドイツの建設法典では都市計画を定める際には、議会の手続きを経て、各地方公共団体の条例として定めるという事例もあります。

日本の都市計画法の整理としては、1999（平成11）年の地方分権一括法によって、機関委任事務から自治事務に都市計画決定の事務は変更されたことから、都市計画を定める市町村等の判断で議会の承認を得ることが可能です。

しかし、市町村等の都市計画実務としては、従来から議会に報告するだけで承認を求めていない事例が多かったこと、また、市町村の実務担当者からも法律で議会を義務付けることには抵抗があったことから、都市計画法としては、都市計画を定める際の議会との間の手続きは、市町村等都市計画を定める主体の判断に委ねることにしています。

参照条文

地方自治法
第96条第2項

Question 57

都市計画を定めるときに土地所有者などの全員同意を求める場合がありますか？

A　都市計画を定めるときに、土地所有者や借地権者の同意を必要とするのは、特定街区と生産緑地だけです。

逆にいえば、その他の都市計画については、土地所有者等の同意は不要です。

もちろん、都市計画を定めて建築物を誘導したり、事業を実施するためには、土地所有者等の理解は必要です。しかし、公共性を実現するためには、1人の反対があれば都市計画を決定しないということでは、何も先に進みません。丁寧に利害関係のある方や住民の方々の意見を聞きながら、最後は、都市計画決定権者が責任をもって都市計画を定めることが必要となります。

参照条文

都市計画法

第17条第3項（都市計画の案の縦覧等）

コラム

地区計画を定めるときや変更するときには全員同意が必要ですか？

都市計画の案を作成する場合には、一般的には、住民の意向を反映させるための措置を講じることになっていますが、特段の明確な手続きが法制化されていません。

これに対して、地区計画については、土地所有者や借地権者の意見を求めて作成する点が他の都市計画と手続きが異なり、土地所有者等に対して丁寧な手続きを行うことになっています。

しかし、この規定は、地区計画の案の作成について、土地所有者等の全員の同意を求めているものではありません。

特に、今後は、団地再生など土地所有者等が多数存在する地区で地区計画を定めることが想定されます。このような場合には、全員同意といった同意率にこだわることなく、都市計画の目的に照らして必要な地区計画を市町村が積極的に定めることが期待されています。

参照条文

都市計画法
　第16条第2項、第3項（公聴会の開催等）

都市計画提案とは何ですか？

都市計画は、土地所有者等に土地利用の内容を義務付けたり、強制的に土地を買収したりするという強い強制力を伴っています。この強制力の背景となる「都市計画の公共性」は、「行政という主体の公共性」「住民参加手続きという適正な手続き」「都市計画審議会での専門家による合理的判断」の3つに支えられています。

このため、都市計画決定主体は、「行政」（都道府県又は市町村）という枠組みは簡単には変わる可能性はないのですが、やはり、実際に都市計画を地域の経済状況や地域住身の意向を踏まえて、実情に即して弾力的に変更する必要が高まってきました。

このため、地権者、まちづくりNPOなど公共的まちづくり団体、UR都市機構には都市計画の提案権が認められています。また、近年はその数も増加しつつあります。

より、住民や土地所有者などの意向を的確に反映しつつ、実態に即した都市計画とするために提案制度は有効なものと考えています。

参照条文

都市計画法

第21条の2（都市計画の決定等の提案）
第21条の3（計画提案に対する都道府県又は市町村の判断等）
第21条の4（計画提案を踏まえた都市計画の案の都道府県都市計画審議会等への付議）
第21条の5（計画提案を踏まえた都市計画の決定等をしない場合にとるべき措置）

3-2 都市計画の決定主体と手続きをもっと詳しく（応用編）

3-2-1 都市計画の決定主体

⑴ 都市計画の決定主体の推移

① 旧都市計画法の決定主体

都市計画の決定主体は、1968（昭和43）年の現行都市計画法前の都市計画法ではすべてが国（内閣）でした。

② 現行都市計画法の決定主体

現行都市計画法制定時に都市計画の決定主体は、すべて都道府県か市町村に移されました。しかし、その法律立案担当課長が、都市計画の権限は、国家が本来有している計画高権に由来すると説明したこと、都道府県が決定する都市計画のうち大都市圏整備に関するもの、根幹的な都市施設に関するものなどについて建設大臣認可を必要としたことなどから、中央集権的な都市計画と批判されました。

その後、**都道府県から市町村に大幅に決定権限が移され自動的に大臣認可が減ったこと、政令指定都市に都道府県並の権限が渡されたこと、都道府県が市町村の都市計画に同意する趣旨が、広域的又は県の定める都市計画との調整の観点に明文で限定され、また、大臣の同意も国の利害との調整の観点について明文で限定されたことなど、改善が図られました。**

また、都市計画の権限は、計画高権などの理論ではなく、素直に憲法第29条第2項、第3項に基づくという整理をするようになりました。

その結果、都市計画の決定主体に対する批判はほぼ、なくなっています。

⑵ 都市計画の決定主体のあり方

① 都市計画の決定主体の考え方

国、都道府県、市町村の間の都市計画の決定主体の問題はほぼ解

決しています。この意味では、都市計画は地方分権の優等生です。しかし、大事なことは、都市住民の安全で健康、文化的な生活を確保するために、現実的に、具体的に必要な都市計画が適切に定められ、変更できているかです。

②　今後の都市計画の決定主体の重点

まず、平時においては、既に大部分の都市計画について市町村が都市計画決定権者となっていますが、さらに、現行法では、都道府県が都市計画決定権者である都市計画のうち、都市施設、市街地開発事業に関する都市計画については、都市再生特別措置法第51条に基づいて、都市再生整備計画に定めることによって、市町村が都市計画決定することができる仕組みを用意しています。このような仕組みを用いて、できるだけ、地域の実情に詳しく、また、住民との接点が多い市町村が都市計画決定を行うべきです。

また、一層、地域住民との連携を深めるためには、地域住民による主体的な都市計画手続きへの参画を促すとともに、まちづくりを専門とするNPOなどの支援、さらに、都市計画提案制度の活用などが重要になってきます。

一方で、大災害が発生した際には、平時とは状況が異なります。大規模災害からの復興に関する法律第42条の規定に基づき、市町村が都市計画決定をできる体制にない時には、都道府県に要請することによって、本来市町村決定である都市計画を都道府県が代行して定めることができることになっています。被害の大きい市町村では積極的に都道府県に都市計画決定の代行を要請しましょう。

なお、大阪府と大阪市の間では、2021（令和2）年から、大阪市の都市計画決定権限の一部を大阪府に条例に基づいて事務委託しています。これ自体、都市計画法に基づく都市計画決定権限の配分の考え方に合致しているかどうか、さらに、地域の特性に応じてできるだけ市町村に都市計画決定権限を委譲してきている都市計画制度の改善の経緯からいって、多くの論点があるものと考えます。

3-2-2 都市計画の決定手続き

⑴ 都市計画決定手続きの意義

都市計画の公共性、ひいては強制力の前提として、適正な住民参加手続きと専門家による専門的な判断が行われることが必要です。

現行の都市計画手続きは、その最低限必要な手続きを規定したものです。このため、仮に条例で定めてもこの手続きを簡素化することはできません。

逆に、**住民参加手続きや専門家による判断のための手続きを、都市計画法の規定よりも充実して行うことは、都市計画決定権者の判断で可能です。もちろん、それを条例に位置付けることも可能です。**

⑵ 都市計画決定手続きのあり方

① 都市計画決定手続きのあり方

実効性のある都市計画を定めるためには、住民参加手続きや専門家の判断の手続きを実質的に充実させることが重要です。

② 住民参加手続きの重視

例えば、市町村マスタープラン作成時には地区別のまちづくり協議会を作って住民が主体的に地区の将来の姿や課題を考える機会を設けること、具体の都市計画を定める際にも、住民に代替案を示して計画案の合理性を説明するなど、できるだけ具体的に住民が計画の適否を判断できるようにすることが重要です。

都市計画審議会の議論においても、適宜専門部会をおいて実のある議論ができるようにすることなどが必要です。

③　専門家手続きの重視

市町村都市計画審議会又は都道府県都市計画審議会の議論においても、適宜、専門部会をおくなど、実のある議論ができるようにすることなどが必要です。

また、審議会手続きを設置して専門家の判断を経ることにしているのは、硬直的な運用ではなく、むしろ、専門家がその都市の個別事情や人口減少などの社会的趨勢を踏まえて、的確、かつ、柔軟な判断を行うことを期待しているものです。その趣旨を踏まえて、**審議会事務局も、硬直的な運用基準に自らが縛られることのないよう、審議会に諮った運用基準についても、絶えず、見直しを行うべきと考えます。**

参照条文

都市計画法
　第17条の2（条例との関係）

4 土地利用に関する都市計画の実現手法

Question 58

土地利用に関する都市計画の実現手法とは何ですか？

土地利用に関する都市計画を実現する手法は、原則として

① 土地を開発する際の開発許可

② 建物を建築する際の建築確認

で担保されています。

双方とも、土地所有者等が自らの判断で開発又は建築をしようとした時に、チェックが働く仕組みですので、土地利用に関する計画は、土地所有者等の開発などの機会に少しずつ時間をかけて実現していくことになります。その観点からは、土地利用に関する都市計画は、「受動的な都市計画」です。

なお、後続する事業手法を伴わないことから、行政法では、「完結型計画」と呼ばれることもあります。

コラム

都市計画の規制緩和手法と民間都市開発

土地利用に関する都市計画は、上記のとおり、土地所有者等の意向に従い、時間をかけて実現していくものですが、その例外として、例えば、土地所有者等の提案を踏まえて、容積率等の土地利用に関する都市計画を、市街地環境の悪化しない範囲で緩和して、民間の都市開発を積極的に誘導することがあります。

この場合では、土地利用に関する都市計画の変更を契機にして、民間都市開発の実施とこの土地利用に関する都市計画が同時に実現することになります。このような場合には、土地利用に関する都市計画も「能動的な都市計画」の側面を持ちます。

Question 59

建築確認とは何を確認するのですか？

A 建築確認は、都市計画区域内外にかかわらず、一定規模の床面積の建築物の地震、火災などに対する安全性を確保するための基準（「単体規定」といいます。）と、原則、都市計画区域内において、道路との接道条件、用途規制、容積率等の形態規制等に関する基準（「集団規定」といいます。）との２つを、建築行為の際に確認します。

許可でなく、「確認」という用語を用いているのは、確認を行う地方公共団体等に自由に判断する範囲（「裁量性の範囲」）がなく、機械的に基準を当てはめる行為だからです。

参照条文

建築基準法

第４条第１項（建築主事）

コラム

指定確認検査機関

建築確認は、上記のとおり、裁量性の範囲がなく機械的に基準を当てはめる行為であることから、地方公共団体だけでなく、国土交通大臣又は都道府県知事が指定する民間企業が「指定確認検査機関」となって、建築確認を行うことができます。

ただし、集団規定に関する部分は市町村が定めた土地利用に関する都市計画を担保する部分であり、市町村長が知らない間に民間企業である指定確認検査機関が建築確認を下ろすことに課題を感じて、自主条例で建築行為に対して、市町村長への届け出義務などを課している場合もあります。

参照条文

建築基準法
第77条の18（指定）

▶もっと勉強したい人のために

建築基準法は、『逐条解説 建築基準法』（ぎょうせい、2012）が定番です。

Question 60

開発許可は何を基準にして行うのですか？

A 開発許可基準には、都市計画区域内の全域（1ha以上の開発では都市計画区域外も）を通じて、開発内容の都市計画との適合性と開発行為の安全性をチェックする基準（「技術基準」といいます。）と、線引きした都市計画区域の特に市街化調整区域において、農業集落に不可欠な販売店や農産物貯蔵施設のために開発行為や市街化を促進するおそれがなく、かつ、市街化区域では立地が困難な施設のための開発行為などに限って立地を認める基準(「立地基準」といいます。）の2つがあります。

許可する主体は都道府県知事、政令指定都市又は中核市の長（さらに一部の市の市長）です。開発許可は裁量性のある行為であり、行政主体以外の許可は認められていません。

参照条文

都市計画法
第29条（開発行為の許可）
第33条（開発許可の基準）
第34条

▶もっと勉強したい人のために

『最新 開発許可制度の解説 第三次改訂版』（ぎょうせい、2015）が開発許可についての標準的なテキストです。

コラム

市街化調整区域では建物は建てられるのですか？

　市街化調整区域では、開発許可を受けた区域では、開発許可の際の予定建築物のみが建築可能です。開発許可を受けた区域以外の市街化調整区域では、原則として建築行為は禁止されます。

Question 61

開発許可の際の条件はどのような場合に付けられますか？

A 開発許可を都道府県、政令指定都市、中核市、事務処理市などの開発許可権者がおろす場合には、都市計画法第79条に基づいて、条件を付けることができます。

実務上は、工事を実施する際の安全確保のための条件などを附すことが多かったのですが、条文でも明らかなとおり、都市計画上必要であれば、特に限定なく、附すことができます。

実際には、開発許可をおろす市などにおいて、事前の調整で開発事業者と市等の間で様々な約束事があると思います。

開発事業者に負担を求める場合には、寄付などの曖昧な形にしておくと、あとあとトラブルになりがちです。開発許可の条件に、開発事業者の負担を明記しておけば､負担内容は明確になりますので、トラブル防止になります。

また、単なる開発事業者と市等との間の契約書などと異なり、条件に書いておくと、事業承継などして途中で他の事業者に代わった場合であっても、新しい事業者にこの約束事を守らせることができます。

このように開発許可の条件に、開発許可権者と開発事業者との間の約束事を明記しておくことは、開発許可権者と開発事業者双方にとってメリットがあります。

今後は、開発許可の際の条件を活用して、市等と開発事業者との約束事を明確化することが重要です。

参照条文

都市計画法第79条

▶もっと詳しく勉強したい人のために

拙稿「開発許可の許可条件に事業者の負担を附すことができる法制上の根拠」土地総研リサーチ・メモ2023年1月5日を参照してください。

Question 62

近年創設された災害予防のための土地利用規制はどのようなものですか？

A 近年の大きな災害を受けて、2000年の土砂災害警戒区域等における土砂災害防止対策の推進に関する法律（以下「土砂法」という。）、2011年の津波防災地域づくりに関する法律（以下「津波法」という。）、2021年の特定都市河川浸水被害対策法（以下「特定都市河川法」という。）改正などによって、新たな土地利用規制制度が創設されてきています。

特に、いわゆるレッドゾーンの指定に連動して、都市計画法の開発許可基準も強化されることになっています。

まだ、土砂災害のレッドゾーン（土砂災害特別警戒区域）以外には、あまり、レッドゾーンの指定は進んでいませんが、都市計画の担当者の方は、都道府県におけるレッドゾーン指定の動きに注意を払っておく必要があります。

津波法のレッドゾーンは、津波法の開発規制と同じく一定の技術的基準適用を求めることに止まっていますが、土砂法と特定都市河川法のレッドゾーンはそれぞれの法律での開発規制は盛土などの技術的基準の適用に止めていますが、都市計画法の開発許可では、開発禁止となっています。

いわば、一番厳しい規制を都市計画部局が引き受ける形となっています。

この点は十分注意が必要ですし、仮に、都市計画の観点から、開発禁止までは望ましくないと判断する場合には、これらのレッドゾーンの指定段階で都道府県と十分調整する必要があります。

特定都市河川法の浸水被害防止地域に関する規制内容

			A 市街化区域	B 市街化 調整区域	C 非線引き 都市計画区域	D 都市計画 区域外（注4）
1	開発行為	都市計画法の開発許可基準による規制内容	・自己住宅用開発—○（注1） ・自己住宅用開発以外の開発—×（注2）	・すべての開発—×（注3）	・自己住宅用開発—○ ・自己住宅用開発以外の開発—×	（1ha以上の開発に限り） ・自己住宅用開発—○ ・自己住宅用開発以外の開発—×
2		特定都市河川法による浸水被害防止区域における規制内容	・自己住宅用開発—○ ・販売用住宅開発、社会福祉施設、学校、医療施設等のための開発—△（注5）			
3	建築行為	特定都市河川法による浸水被害防止区域における規制内容	・住宅建築（自己用・販売用を含む）—△ ・社会福祉施設、学校、医療施設等の建築—△			

注1：○：規制がないことを意味する。以下、他の欄でも同じ。
注2：×は、開発区域に含むことができないことから、禁止されることを意味する。
注3：市街化調整区域において、例外的に開発が認められる場合には、都市計画法第33条の規制の対象外に自己用住宅開発はなる。ただし、開発許可は裁量性のある処分であり、2021年改正で市街化調整区域の開発規制を緩和する条例対象区域等から浸水被害防止地域を除外することを求めていることからいって、自己用住宅開発について不許可にすることが可能と考えられることから、×としている。
注4：準都市計画区域は存在しないものとして整理している。
注5：△は、災害防止のための技術基準が適用され、禁止までは含まないことを意味する。

土砂法の土砂災害特別警戒区域に関する規制内容

			A 市街化区域	B 市街化 調整区域	C 非線引き 都市計画区域	D 都市計画 区域外（注4）
1	開発行為	都市計画法の開発許可基準による規制内容	・自己住宅用開発—○（注1） ・自己住宅用開発以外の開発—×（注2）	・すべての開発—×（注3）	・自己住宅用開発—○ ・自己住宅用開発以外の開発—×	（1ha以上の開発に限り） ・自己住宅用開発—○ ・自己住宅用開発以外の開発—×
2		土砂法による特別警戒区域における規制内容	・自己住宅用開発—○ ・販売用住宅開発、社会福祉施設、学校、医療施設等のための開発—△（注5）			
3	建築行為	建築基準法に基づく建築行為への規制内容	・全ての建築—△（注6）	（都市計画法第43条に基づく建築制限前提、注7） ・すべての建築—×	・すべての建築—△	（建築確認対象建築物に限り） ・すべての建築—△

注1：○：規制がないことを意味する。以下、他の欄でも同じ。
注2：×は、開発区域に含むことができないことから、禁止されることを意味する。
注3：市街化調整区域において、例外的に開発が認められる場合には、都市計画法第33条の規制の対象外に自己用住宅開発はなる。ただし、開発許可は裁量性のある処分であり、2021年改正で市街化調整区域の開発規制を緩和する条例対象区域等から土砂災害警戒区域（いわゆるイエローゾーンを含む）を除外することを求めていることからいって、自己用住宅開発について不許可にすることが可能と考えられることから、×としている。
注4：準都市計画区域は存在しないものとして整理している。
注5：△は、災害防止のための技術基準が適用され、禁止までは含まないことを意味する。
注6：建築基準法施行令第80条の3の構造基準は、居室を有する建築物を対象にしているが、自己住宅用、自己用業務用建築物、販売用等建築物にはいずれも居室があることを前提にして△としている。以下同じ。
注7：都市計画法第43条に基づき、開発許可をうけていない区域は原則建築禁止であることを前提にして、自己住宅建築、自己用業務用建築物の建築、販売用等建築物の建築物をいずれも×としている。

津波法の津波災害特別警戒区域に関する規制内容

			A	B	C	D
			市街化区域	市街化調整区域	非線引き都市計画区域	都市計画区域外（注3）
1	開発行為	都市計画法の開発許可基準による規制内容	・すべての開発—△（注1）	・すべての開発—△（注2）	・すべての開発—△（注1）	・すべての開発—△（注1）
2	開発行為	津波法による特別警戒区域における規制内容	・販売用住宅開発、社会福祉施設、学校、医療施設等のための開発—△ ・条例制定用途—△			
3	建築行為	津波法による特別警戒区域における規制内容	・社会福祉施設、学校、医療施設等の建築—△			

注1：△は災害防止のために技術基準が適用され、禁止までは含まないことを意味する。以下同じ。
注2：市街化調整区域の開発規制を緩和する条例対象区域等から津波災害特別警戒区域を適用除外としていないことから、市街化調整区域において、開発許可権者の裁量によって、自己住宅用、自己業務用、販売用等の開発許可が認められる可能性があると整理し、その場合にも災害防止のための技術基準が適用されることから、△としている。
注3：準都市計画区域は存在しないものとして整理している。

参照条文

都市計画法第33条第1項第7号、第8号

▶もっと詳しく勉強したい人のために

拙稿「近年制定された災害予防のための土地利用規制の現状把握及び法的評価」土地総研リサーチ・メモ2022年12月1日を参照してください。

5 都市施設に関する都市計画の実現手法

Question 63

都市施設に関する都市計画の実現手法とは何ですか？

A 都市施設は、都市計画決定をすると、その時点から、施設予定の区域内の建築行為については、将来の事業の支障のない範囲（2階建て以下の建築物など）を除き、禁止されます。

また、市町村が事業主体の場合には知事、知事が事業主体の場合には国土交通大臣が事業認可を行えば、土地収用法の事業認定があったものとみなされ、土地等の収用をして強制力をもって事業を実施し、実現することができます。

このため、都市施設に関する都市計画は、「能動的な都市計画」ともいいます。なお、都市計画のあとに、土地収用法に基づく事業が続くことから、「非完結型計画」といわれることもあります（なお、後述の土地区画整理事業、市街地再開発事業の都市計画も、同様に「非完結型都市計画」といわれることがあります。）。

また、都市施設に関する都市計画を定めた場合には、用地買収をされた土地所有者等に対して、譲渡所得の5,000万円控除、譲渡所得税の繰り延べ、代替地取得に伴う不動産取得前の非課税などが措置されます。

コラム

都市計画事業認可と土地収用法の事業認定の要件は微妙に違っている？

土地収用法の事業認定は、「土地収用法第３条に列記した事業に関するものであること」「事業をする主体が十分な遂行能力を有すること」「事業計画が土地の適正かつ合理的な利用に寄与するものであること」「土地を収用する公益上の必要があること」の４つを掲げています。

このうち、最初の「土地収用法第３条列記事業であること」と３つ目の「土地の適正かつ合理的な利用に寄与する」という点は、都市施設を都市計画決定した段階で既に充足していますので事業認可の要件にはなっていませんが、当然のことです。

さらに、都市計画事業認可の際に「都市計画に適合していること」を確認した上で、「許認可等をとっていることから事業主体の遂行能力があること」という２つ目の要件を確認し、「事業施行期間の適切さ」を確認することによって、最後の「土地を収用するための公益性」を確認していると理解できます。

このため、規定ぶりに差はあるものの、都市計画事業認可と土地収用法の事業認定の基本的要件は同一と考えることができます。

▶もっと勉強したい人のために

土地収用法については、『土地収用法の解説と運用Q&A 改訂版』（ぎょうせい、2014）が簡便です。逐条解説としては、小澤道一『逐条解説土地収用法 第三次改訂版』（ぎょうせい、2012）があります。

コラム

都市計画と道路法などの公物管理法との関係はどうなっていますか？

都市施設の都市計画のうち、道路、都市公園、下水道について、補助事業の要件となっているため、多く都市計画決定されています。

これら3つの施設については、都市計画事業として整備した後、それぞれ公物管理法である、道路法、都市公園法、下水道法に基づいて、地方公共団体が管理することになります。

その意味では、都市計画は整備するまでの仕組みで、整備し終わった後は、公物管理法で維持管理すると整理できます。

ただし、都市施設について、今後、都市計画税の充当などの観点から、病院、保育所などの社会福祉施設などの都市計画決定が進みますと、必ずしも公物管理法に引き継がれずに、地方公共団体又は民間事業者が経営する事業の資産として管理されることも増えてくると思います。その場合であっても、都市計画は整備するまでを射程とするという意味では従来と同様です。

コラム

都市施設と所有者不明土地法関係

所有者を探してもみつけることができない、所有者不明土地を適切に利用するため、2018（平成30）年に、土地収用法の特例として、所有者不明土地法が制定されました。この法律によって、土地収用の際に収用委員会手続きを省略して、都道府県知事の裁定と必要な金額を供託することで、土地の所有権や利用権を取得できるようになりました。

都市施設については、所有者不明土地法によって、所有者不明土地がある場合には、収用委員会手続きを省略できるようになりました。

2-2-6⑵ウ（P159）で説明した、一団地の復興拠点市街地形成施設のように、大災害の際の復興事業で活用する都市施設については、当然、所有者不明土地がたくさん存在することが想定されますので、所有者不明土地法を同時に活用することが有効と考えます。

▶もっと勉強したい人のために

拙稿「大災害からの復興事業における所有者不明土地法の活用可能性とその課題について」土地総合研究第30巻第３号（2022年夏号）を参照してください。

Question 64

道路に関する都市計画の具体的な実現手法は何ですか？

A　道路に関する都市計画は、通常、国土交通大臣、都道府県、市町村が用地を買収して、工事を実施します。用地交渉が難航した場合には、土地収用法で強制的に用地を買収します。

特に、都道府県や市町村が、比較的人口密度が高い地域で都道府県又は市町村が道路を整備する場合には、道路を、都市施設として都市計画決定をし、事業認可を得ることによって、国土交通省から社会資本整備総合交付金（交付率は原則５割、沖縄、北海道など交付率のかさ上げもあります。**Q37**（P63）参照）によって整備が支援されます。

このような事業を、法律上の用法ではありませんが、通常、「街路事業」と呼びます。

コラム

都市計画決定した道路の廃止ってできるの？

将来の人口動態などを踏まえて、道路などの都市施設は都市計画決定されていますので、すぐに事業化されないことは制度として想定されています。そのため、事業化される前でも、予定されている道路の区域内では建築行為の制限が生じます。

しかし、人口動態の見通しなどが予想と異なり、将来の自動車交通量等を予測した結果、特定の部分の都市計画で定めた道路の整備が不要になるなど、道路の整備が今後も行われないことが明確になった場合には、速やかに当該特定の部分の道路の都市計画を変更又は廃止するなど、適切な措置を講じる必要があります。

事業主体が道路の整備を予定していないにもかかわらず、その区域内の建築制限を継続した場合には、**Q51**のコラム（P109）に述べたとおり、国家賠償請求訴訟などが都市計画決定権者である市町村等に起こされる可能性がありますので、この点について、市町村長等は十分注意して、都市計画道路の廃止を検討しましょう。

参照（都市計画運用指針）

Ⅳ–2　都市計画の内容

Ⅳ－２－２　都市施設

Ⅱ）施設別の事項

A–2. 道路

3. 道路の都市計画の取扱い

⑻　道路に関する都市計画の見直し

道路の都市計画については、都市計画基礎調査や都市交通調査の結果等を踏まえ、また、地域整備の方向性の見直しとあわせて、その必要性や配置、構造等の検証を行い、必要がある場合には都市計画の変更を行うべきである。この場合、地域整備の在り方とあわせて、地域全体における都市計画道路の配置、構造等についての検討を行うべきであり、また、過去に整備された道路の再整備についても、必要に応じ検討を行うことが望ましい。また、都市計画道路の変更を行う場合には、その変更理由を明確にした上で行うべきである。

長期にわたり未整備の路線については、長期的視点からその必要性が従来位置づけられてきたものであり、単に長期未着手であるとの理由だけで路線や区間毎に見直しを行うことは望ましくなく、都市全体あるいは関連する都市計画道路全体の配置等を検討する中で見直されるべきである。これらの見直しを行う場合には、都市計画道路が整備されないために通過交通が生活道路に入り込んだり、歩行者と自動車が分離されないまま危険な状態であるなど対応すべき課題を明確にした上で検討を行う必要がある。

都市計画道路の廃止や幅員の縮小は、例えば都市の将来像の変更に伴い想定していた市街地の拡大が見直されるなどにより当該道路の必要性がなくなった場合や、都市計画道路の適切な代替路線を別途計画

都市計画決定権者が行う環境影響評価手続き

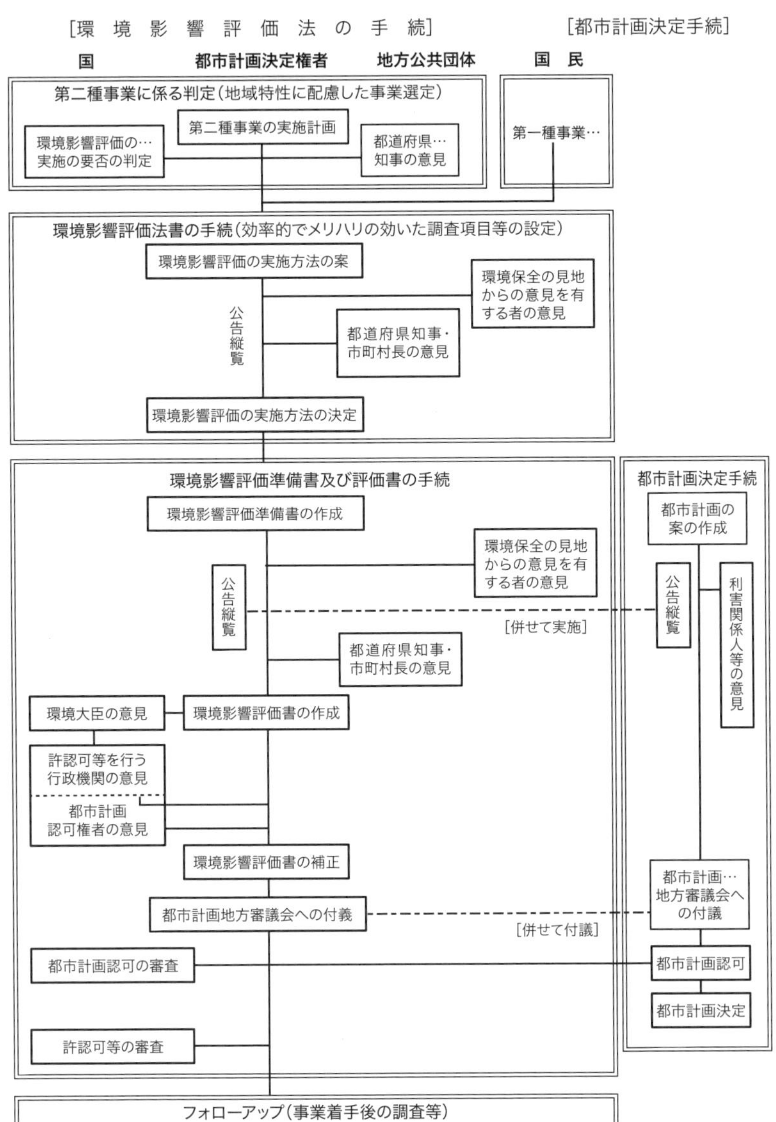

出典：環境省総合環境政策局環境影響評価課HP「環境影響評価法の概要」
https://www.env.go.jp/policy/assess/2-2law/2/ex-221.html

する場合等が考えられるが、変更を行う場合にはその変更理由を明らかにした上で行うべきである。また、代替路線を計画する場合は、新たな建築制限が課される関係者を含めた地域社会の合意形成の必要性も念頭において検討を行うことが必要であると考えられる。

道路の都市計画決定をするときに環境アセスメントはどうするの？

環境アセスメントは、環境影響評価法に基づき、事業者が行うのが原則ですが、高速自動車国道、首都高速道路などの都市高速道路、４車線で10km以上の一般国道を都市計画決定する場合には、構想段階での配慮書の手続き、環境アセスメントの計画を定める方法書の手続き、影響評価の準備書、評価書の策定手続きについて、事業者に代わって、都市計画決定権者たる都道府県知事又は政令指定都市の長が実施することになります。

参照条文

環境影響評価法

第38条の6（都市計画に定められる第一種事業等又は第二種事業等）
第39条
第40条
第40条の2（都市計画対象事業の環境保全措置等の報告等）
第41条（都市計画に係る手続との調整）
第42条（対象事業等を定める都市計画に係る手続に関する都市計画法の特例）
第43条（対象事業の内容の変更を伴う都市計画の変更の場合の再実施）
第44条（事業者等の行う環境影響評価との調整）
第45条（事業者が環境影響評価を行う場合の都市計画法の特例）
第46条（事業者の協力）

6 市街地開発事業に関する都市計画の実現手法

Question 65

土地区画整理事業の都市計画の実現手法は何ですか？

A 土地区画整理事業に関する都市計画が定められた地区では、土地区画整理事業が実施されます。

土地区画整理事業は、土地所有権等を有する者の3分の2の同意を得ている土地区画整理組合、市町村などの地方公共団体、独立行政法人都市再生機構（以下「UR都市機構」といいます。）などが事業を実施します。

土地区画整理組合には反対の3分の1の土地所有者等を強制的に事業に取り込むことができ、また、地方公共団体やUR都市機構が実施するときには、建前上は土地所有者等の同意なしに事業を実施することができます（もちろん、強制力の行使は伝家の宝刀であって、実態としては地権者の協力姿勢を得ることが事業の円滑実施には不可欠です。)。

このように土地区画整理事業は一定の強制力をもった事業手法です。

この際に、土地区画整理事業を実施する区域内において、さらに道路を都市施設として都市計画決定した場合には、その都市計画道路の用地費及び造成費の範囲内で、社会資本整備交付金（**Q37**（P63）参照）から土地区画整理組合などの施行者に対して国土交通大臣が支援（原則は2分の1の交付率）することができます。

この意味では、道路として定めた都市施設の都市計画の実現手法について、**Q64**（P199）の重要な例外手法となります。この場合、土地区画整理事業によって都市計画道路を整備する手法は、**Q64**（P199）の「全面買収」とは異なり、土地の等価交換によって宅地を整形化しつつ、土地を減歩して道路用地を生み出す手法であり、通常、「換地処分」といいます。

また、土地区画整理事業は宅地の整形化と公共施設の整備に伴い、地価が増加した部分は、保留地として減歩し、その処分金で事業費をまかなうことから、我が国で機能している唯一の開発利益（**Q35**（P60）参照）の回収事業手法といわれています。

コラム

土地区画整理事業に関する都市計画が定められた段階で違法性を争うことはできますか？

土地区画整理事業の都市計画を定めたのち、個人、組合等がその事業を実施するためには、事業計画を定め、都道府県知事の認可を受けて事業を開始し、仮換地処分、換地処分と事業を進めていきます。

従来は、この事業計画は「青写真」の段階であって、具体的な制限がまだ実現していないと解釈していました。しかし、最高裁判決2008（平成20）年9月10日（民集62巻8号）で、この判例を変更し、事業計画が決定された段階で、そのまま事業が進められることから「換地処分を受ける立場」になったとして、土地区画整理事業の事業計画について、違法性を争うことができる（「処分性がある」といいます。）と判決されました。

これは、従来の換地処分などよりも前の段階で違法性を争うことができるとしたものです。しかし、現在の判例では、土地区画整理事業の都市計画を定めた段階で違法性が争えるとしたものではありません。

なお、用途地域など土地利用計画については、都市計画の決定段階では違法性は争えないことに現在の判例ではなっています。

▶もっと勉強したい人のために

『逐条解説 土地区画整理法 第二次改訂版』（ぎょうせい、2016）が定番です。判例については『行政法の争点』（有斐閣、2014）を参照してください。

Question 66

市街地再開発事業に関する都市計画の実現手法は何ですか？

市街地再開発事業に関する都市計画の実現手法は、市街地再開発事業です。

市街地再開発事業は、土地区画整理事業から進化した手法なので、事業主体などは土地区画整理事業とよく似ています。

市街地再開発事業は、土地所有権等を有する者の3分の2の同意を得ている再開発組合、市町村などの地方公共団体、UR都市機構などが事業を実施します。土地区画整理組合と同様に、再開発組合には反対の3分の1の土地所有者等を強制的に事業に取り込むことができ、また、地方公共団体やUR都市機構が実施するときには、建前上は土地所有者等の同意なしに事業を実施することができます。

なお、市街地再開発事業は、従前の土地を区分所有建物の所有権及び土地の共有持ち分に等価変換（「権利変換」といいます。）することから、土地所有者等に対する財産権の制約の度合いが土地の等価交換に比べて大きくなります。このため、市街地再開発事業の施行する地区要件として、老朽化した建築物や耐震性のない建物などが3分の2以上占めるなど、不良な建築物が集積した地区に対象地区を限定して、事業実施が可能とされています。

また、従前の土地所有者等に等価交換して渡した床（「権利床」といいます。）以外の余った床（「保留床」といいます。）を売却して事業費（従前建物除却費や建築物建築費など）を捻出することから、容積率をアップする「高度利用地区」等の都市計画を市街地再開発事業の都市計画と同時に定める必要があります。

さらに、市街地再開発事業の実施にあたって、事業を実施する区域内において、さらに道路を都市施設として都市計画決定した場合には、社会資本整備総合交付金（**Q37**（P63）参照）に基づき、その都市計画道路の用地費及び造成費の範囲内で、市街地再開発組合などの施行者に対して国土交通大臣が支援（原則、国は2分の1の交付率）することができます。また、再開発事業でできる建築物のアトリウムや共用部分など公共性の高い空間の整備に対して、社会資本整備総合交付金（**Q37**（P63）参照）で支援（原則、国は3分の1の交付率）することができます。

▶もっと勉強したい人のために

『逐条解説 都市再開発法解説』（大成出版社、2004）があります。

コラム

マンション建替えに市街地再開発事業は使えるのですか？

マンション建替えについて、市街地再開発事業で実施することは可能ですし、実際に、旧同潤会中之郷アパート建替え事業で活用されたことがあります。

なお、市街地再開発事業以外に、マンション建替えに活用できる制度としては、建物区分所有法とマンションの建替え等の円滑化に関する法律（以下「マンション建替え法」といいます。）があります。

建物区分所有法に基づいて、区分所有者等の５分４以上の賛成による建替え決議に基づいて、建て替えることができます。

また、マンション建替え法によって、５分の４以上の区分所有者等の賛成による建替え決議をしたのち、市街地再開発事業のように従前の土地つき建物の権利を新しいマンションの土地つき建物の権利に変換することもできます。

このマンション建替え法は、2014（平成16）年に改正され、耐震性不足のマンションに限って、５分の４の賛成で、建物を除却して敷地売却する制度が創設されています。

▶もっと勉強したい人のために

住本靖・犬塚浩（著）『新マンション建替え法　逐条解説・実務事例』（商事法務、2015）がすぐれています。

Question 67

土地区画整理事業や都市計画事業の財源にあてる都市計画税とは何ですか？

土地区画整理事業と都市計画事業の財源に使途が限定されている市町村税です。

課税対象などは固定資産税と同じですが、税率は最高で0.3％とされています。

2016（平成28）年度の税収は1.25兆円であり、近年は、税率をあげる市町村もでてきており、全国的にみると税収は増えています。

その一方で、従来、都市計画事業として行ってきた都市計画道路や土地区画整理事業、市街地再開発事業、都市公園事業、下水道事業の事業規模は減少しつつあるので、病院や福祉施設などを都市施設として都市計画決定し、都市計画事業として位置付け、都市計画税の財源を活用することも検討すべきと考えます。

地方税法の施行に関する取扱いについて（市町村税関係）

⑽　都市計画税は、都市計画事業又は土地区画整理事業に要する費用に充てるものであることを明らかにする必要があるので、特別会計を設置しないで、一般会計に繰り入れる場合においては、都市計画税をこれらの事業に要する費用に充てるものであることが明らかになるような予算書、決算書の事項別明細書あるいは説明資料等において明示することにより議会に対しその使途を明らかにするとともに、住民に対しても周知することが適当であること。

⑾　都市計画税を都市計画事業又は土地区画整理事業に要する費用に充てた後にやむを得ず余剰金が生じた場合には、これを後年度においてこれらの事業に充てるために留保し、特別会計を設置している場合には繰越

しをし、設置していない場合にはこのための基金を創設することが適当であること。

⑿　余剰金が数年にわたって生じるような状況となった場合においては、税率の見直し等の適切な措置を講ずべきものであること。

出 典：http://www.soumu.go.jp/main_sosiki/jichi_zeisei/czaisei/czaisei_seido/ichiran13/pdf/ichiran13_02-02.pdf

▶もっと勉強したい人のために

『人口減少時代の土地利用計画』（学芸出版社、2010）の第6章飯田直彦「基盤施設の整備経営から見た都市周辺部の土地利用計画」を参照してください。

Question 68

人口減少社会においては、土地区画整理事業などを実施するには何を注意したらいいですか？

A 土地区画整理事業、市街地再開発事業は、足りない都市基盤を整備し、また、劣悪な市街地を改良するための重要な手法であり、また、税制、補助などの支援措置、さらに一括して施行者が登記ができるという登記特例も充実していることから、人口減少社会においても、活用されることが想定されます。

その一方で、前からいる土地所有者などの権利を事業後の土地や建物に変換するという難しい手法であることから、どうしても権利調整に時間がかかること、また、前からいる土地所有者などに減歩などの負担をいただいて、保留地、保留床を売却して事業費を捻出することが前提なので、土地所有者などの公平性確保の観点から、事業がはじまったら事業区域の大幅な変更がしにくいという特徴があります。

一方で、人口減少社会、経済成長が見込めない時代では、事業期間に時間がかかったり、柔軟に地区を変更できないのは、マイナス点になります（P211の図参照）。

もちろん、一口で人口減少社会といっても、都市ごとに、また、都市のなかでの地区ごとに実情が異なりますので、一概にはいえませんが、これらの手法のメリット（税制、補助などの支援措置、登記特例など）と、マイナス面を丁寧に比較して手法を選ぶことが重要になってきます。

また、市街地の都市基盤を整備し、また、劣悪な市街地を改良するための手法として一団地系の都市施設も近年創設されてきています（**2-2-6⑵ウ**（P159））。一団地系の都市施設は買収方式という単純な手法であること、地区の段階的な拡大も可能であること（下の図参照）から、これらの手法との比較も重要になってきます。

東日本大震災における復興土地区画整理事業の面積の推移

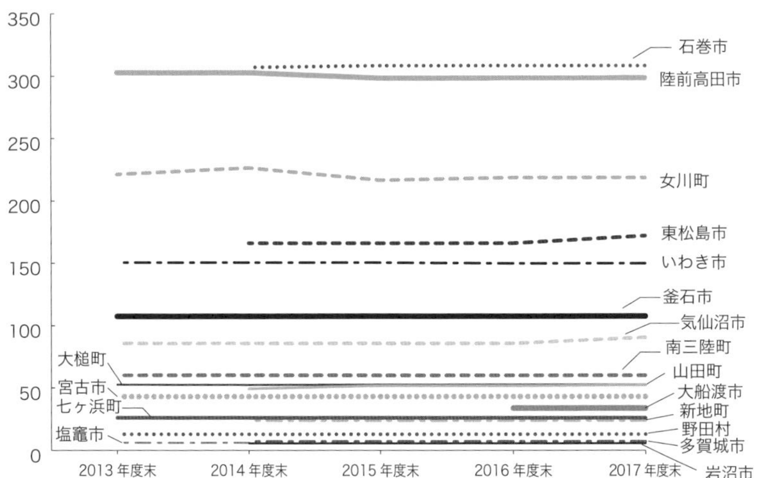

東日本大震災における一団地の津波防災拠点市街地形成施設の面積の推移

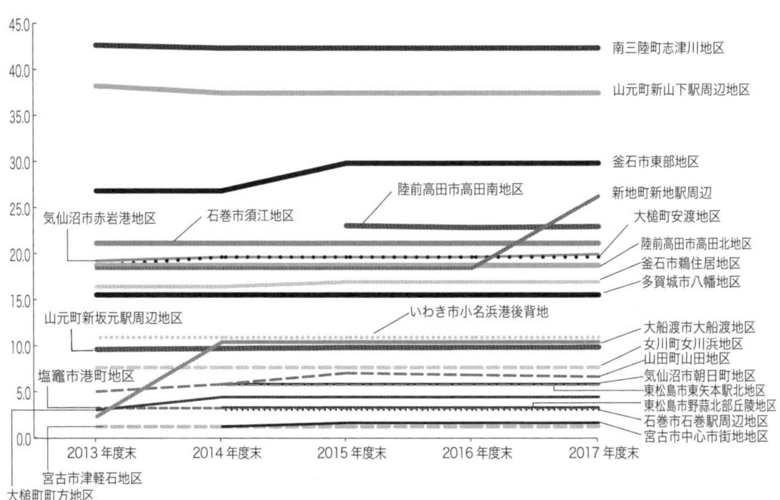

▶もっと勉強したい人のために

東日本大震災での土地区画整理事業や一団地の津波防災拠点市街地形成施設の活用実態は、いわば日本の課題先進地での状況に対応したものともいえることから、参考になります。詳しくは、拙稿「東日本大震災時及びそれ以降の復興制度に関する内容及び課題について」都市計画349号を参照してください。

第2章

景観法

この章では、都市計画の扱う政策目的のなかで、特に良好な景観の保全や形成を目的とした特別法である景観法について述べます。

1 景観法のポイント

Question 69

景観法の特徴は何ですか？

A 景観法は、都市計画に関連する法律ですが、法律自体が農林水産省などと共管となっており、都市、農山漁村等、国土全体の良好な景観形成を目的としている点が第一の特徴です。

また、その規制の手法として、従来の都市計画で用いられている建築確認、開発許可の仕組みに加え、届け出勧告や建設事業者等への命令など多様な手法を講じているのが、第二の特徴です。

Question 70

地方公共団体の定めた景観条例と景観法はどういう関係ですか？

A 景観法が制定された2004（平成16）年時点で、既に県レベル又は市町村レベルで景観条例が制定されていました。

景観法は景観条例で行われていた様々な取り組みを法制上位置付けた形になっています。また、従来、景観条例は強制力がなく効果が乏しいとされていたところを改善した点で景観法には優れている点があります。

ただし、既存の景観条例の効果を否定するものではありません。このため、現実にも景観条例と景観法を組み合わせて活用している地方公共団体も存在します。

Question 71

景観行政は、従来から県レベルと市町村レベルの双方で行われていましたが、景観法はどう整理しているのですか？

A 従来の景観行政について、広域的な観点から県が景観条例を定め、さらに、市町村が独自に景観条例を定めた場合にはそれを尊重するという仕組み（例えば、兵庫県景観の形成等に関する条例）といった事例もありました。

この点については、景観法は広域と市町村域という役割分担を採用せずに、政令指定都市と中核市は景観法の行政主体として位置付け、それ以外は原則、都道府県が景観法の行政主体と整理しました。

さらに、政令指定都市と中核市以外の市町村は、都道府県と協議して、景観行政の主体となれるとされています。

これらの位置付けを全部包含した用語として「景観行政団体」という言葉を用いています。

なお、今後の課題としては、市町村域を越える広域的な景観保全について、個別市町村が景観行政団体になった場合には、対応できない点があると考えます。

2 景観法の基本的枠組み

Question 72

景観法の基本的枠組みはどうなっていますか？

景観法は、既に述べたとおり、地方公共団体で先行していた景観条例で措置していた事項を網羅した形になっています。

具体的には、

①　景観計画と景観計画区域内での届け出勧告等

②　景観重要建造物等の指定及び管理協定等

③　景観重要公共施設の整備等

④　景観農業振興地域整備計画等

⑤　景観地区等

⑥　景観協定

などとなっています。

このうち、以下では、特に重要な景観計画と景観地区について述べます。

Question 73

景観計画とそれに伴う規制手法は何ですか？

A 景観計画は、景観行政団体（県又は市町村、**Q71**（P216）参照）が、良好な景観を保全し、形成する必要のある地域（都市計画区域に限られません。市町村の全域を対象にすることもできます。）において、建築物の建築や工作物の設置、開発行為に対して、その行為を行う者に対して、届け出義務を課し、必要に応じて、景観行政団体は、勧告、さらに、変更その他の必要な措置を命じることができます。

この変更その他の必要な措置（形態意匠の制限に適用しないものに限る）を命じるところが、景観法が景観条例よりも踏み込んで規定しているところです。

コラム

届け出に対して、景観基準の審査について、地方公共団体独自の景観審議会など専門家の審査を関与させることは可能ですか？

景観の基準については、どうしても定性的な基準が残らざるを得ません。また、基準を定めた時点で想定しないような内容の建築行為等が計画されることも想定されます。このため、法律では特に規定もされておらず、その一方で否定もされていない、「学識経験者などの景観審議会や景観アドバイザーなどの組織」を活用して、質の高い景観誘導を行うことを積極的に試みることが重要と考えます。

景観計画に基づく届け出義務等と建築確認、開発許可制度とはどういう関係ですか？

景観法上は、景観計画に基づく届け出義務等は、都市計画法、建築基準法等に基づく建築確認や開発許可とは全く別個の制度として作られています。ただし、届け出から原則30日は工事に着手できないことから、景観法の誘導手法と都市計画法等の規制手法の双方をクリアしないと、工事には取りかかれないことになります。

景観計画の仕組みを活用して市町村全域の建築行為等を指導することは可能ですか？

景観法は、都道府県及び市町村においては、都市計画関係部局が所管している場合が多いと思います。都市計画部局が所管している法律は、原則、都市計画区域内に限定されますが、景観法に基づく景観計画は、その例外として、市町村の行政区域全体での建築行為や開発行為を把握し、必要な行政指導などを行うことができます。

この観点をうまく活用して、景観計画を通じた建築行為、開発誘導を市町村の行政区域全域で行うことも検討すべきでしょう。

参照条文

景観法

第８条第１項、第２項、第４項（景観計画）
第16条第１項～第３項（届出及び勧告等）
第17条第１項、第２項（変更命令等）

▶もっと勉強したい人のために

『景観法と景観まちづくり』（学芸出版社、2005）が景観法の使い方も含めて記述されており優れています。

Question 74

景観地区と、それに伴う規制・誘導手法は何ですか？

景観地区は、都市計画法上の地域地区の一つとして位置付けられており、都市計画区域内で定めることができます。

定められる内容としては、

ア　建築物の形態意匠

イ　建築物の高さの制限の最高限度と最低限度、壁面の位置の制限、建築物の建築面積（第１部第３章**Q22**（P42）で述べた「建坪」と同じ意味です。）の最低限度

を定めることができます。

このうち、イは建築基準法に基づく建築確認でチェックされるのに対して、アは市町村が景観法に基づく認定を行い、これに違反した建築物は、景観法に基づき工事の停止を命じるなどの措置をすることができます。

いわば、建築基準法に基づく「建築確認」は形態意匠といった裁量性のある判断はできないということで、建築確認からはみ出す部分を市町村の認定という仕組みで補ったと理解することができます。

コラム

景観地区と地区計画の関係について

地区計画においても、形態意匠の規制を定めることができますが、その担保手段は都市計画法に定めている勧告しかありませんでした。

景観法では、この地区計画の形態意匠についても、景観地区の認定と同じく、認定及び条例で景観地区と同様の工事の停止などを命じることができます。

この意味では、地区計画と景観地区は以下の表のとおり、類似した効果を持っており、うまく使い分けて効果をあげることが期待されます。

景観地区と地区計画の関係について

	地区計画（建築条例なし）	地区計画（建築条例あり）	景観地区
用途	△	○（確認）	×
容積	△	○（確認）	×
高さ	△	○（確認）	○（確認）
壁面の位置の制限	△	○（確認）	○（確認）
最低敷地規模	△	○（確認）	○（確認）
形態意匠	△	△	○（認定）

（備考）×は計画に定められない、△は勧告、○は確認又は認定で担保力あり

参照条文

景観法
第61条
第62条（建築物の形態意匠の制限）
第63条（計画の認定）
第64条（違反建築物に対する措置）

▶もっと勉強したい人のために

『逐条解説　景観法』（ぎょうせい、2004）があります。

コラム

景観法と目的が似ている、歴史まちづくり法って何ですか？

景観法が対象としている目的には、当然歴史的なまちなみの持っている景観を保全することも含まれます。特に、この歴史的なまちなみの保全を目的とした法律として、「地域における歴史的風致の維持及び向上に関する法律」（通称「歴史まちづくり法」）があります。

歴史まちづくり法は、景観法に遅れること４年、2008年に制定されました。

主な内容としては、市町村が策定した歴史的風致維持向上計画を国土交通大臣等が認定して、お墨付きを与えることにあります。さらに、この認定された計画内において、市町村長は、歴史的風致形成建造物を指定することができます。

▶もっと勉強したい人のために

『歴史まちづくり法ハンドブック』（ぎょうせい、2009）があります。

第3章

都市再生特別措置法

　この章では、都市計画の政策目的のうち、大都市再生、地方再生などの経済再生を目的とする都市再生特別措置法について述べます。

1 都市再生特別措置法のポイント

Question 75

都市再生特別措置法の特徴は何ですか？

A 都市再生特別措置法は、特に大都市及び地方都市の経済再生という観点から、まず、都市再生を国全体の施策として位置付けています。

また、その施策手法としては、都市計画法に根拠を持つ強制的な手法のほか、政策金融措置、協定、交付金措置など、民間事業者を支援し誘導する仕組みを備えています。また、支援・誘導措置の対象地域も都市計画区域の限定されないものです。

この点が、都市計画法にはない特徴といえます。

なお、都市再生特別措置法の最後の部分に追加された「立地適正化計画」の部分は、都市計画法に基づく市町村マスタープラン（**2-2-1⑸**（P123）参照）に位置付けられるものであり、上記の特徴からみて、やや異質なものと考えられます。

Question 76

都市再生が国全体の政策と位置付けられたのはなぜですか？

A　小泉内閣が発足した2001（平成13）年においては、日本の経済停滞のなかで、大都市の国際競争力を増して、シンガポールや香港などの都市と競争して、アジアの中枢拠点として大都市を再生していくことが重要な課題となっていました。

このため、行政改革によって、総理直轄の組織である内閣官房に都市再生本部事務局を設け、大都市再生を行うことが決定されました。この動きは当初は閣議決定によるものでしたが、2002（平成14）年4月に制定された都市再生特別措置法により、法律に基づく組織として都市再生本部が設置されました。

このような体制整備とともに、都市再生が国全体の政策と位置付けられました。

▶もっと勉強したい人のために

「都市再生本部」のホームページを参照してください。

https://www.chisou.go.jp/tiiki/toshisaisei/01honbu/index.html

Question 77

都市再生の政策のなかで、地方再生はどのように位置付けられているのですか？

A

Q76（P227）で記述したとおり、当初は、都市再生本部は、都市の国際競争力の強化などの観点から、大都市再生が主なテーマでした。大都市の再生によって国力を高めるとともに、地方部での地域経済の下支えも都市再生には必要だという観点から、都市再生本部の早期の段階から、「全国都市再生」というテーマを掲げ、地方再生も視野に入れていました。

これを受けて、2004（平成16）年には、都市再生特別措置法を改正して、地方再生を前提とする都市再生整備計画の制度が創設されました。

▶もっと勉強したい人のために

『改正都市再生特別措置法の解説』（ぎょうせい、2006）があります。

2 都市再生特別措置法の基本的枠組み

Question 78

都市再生特別措置法の基本的枠組みはどのようになっていますか？

都市再生特別措置法は、**Q77**（P228）で述べたとおり、大都市再生の側面と地方再生の側面を持っています。

大都市再生の部分は、

① 都市再生緊急整備地域の指定
② 民間都市開発事業への政策金融上の支援
③ 都市再生特別地区の決定
④ 都市再生事業を行う者による都市計画提案
⑤ 都市再生歩行者経路協定
⑥ 都市再生安全確保計画

などからなっています。

これに対して、地方再生の部分は、

① 都市再生整備計画の作成
② 交付金（いわゆる「まちづくり交付金」）
③ 都市再生推進法人による都市計画決定の提案
④ 都市再生整備計画に基づく、道路占用、都市公園占用の特例
⑤ 民間都市開発事業への政策金融上の支援
⑥ 都市再生歩行者経路協定、都市利便増進協定、低未利用土地利用促進協定

などからなっています。

なお、立地適正化計画の部分は、大都市再生、地方再生の区分に

は、直接関係しないものです。

ここでは、大都市再生の部分では、都市再生緊急整備地域の指定と民間都市開発事業への政策金融上の支援、地方再生の部分では、都市再生整備計画、交付金、道路占用、都市公園占用の特例、民間都市開発事業への政策金融上の支援について述べます。

Question 79

都市再生緊急整備地域とはどのような地域ですか？

A　都市再生緊急整備地域は、国として都市再生を緊急に進める必要があると判断した区域を、「選択と集中」の観点から絞り込んで、国が定めるものです。

この区域においては、都市再生特別地区、民間都市開発事業の政策金融措置のほか、許認可を地方公共団体が一定期間内に速やかに措置するなど、都市再生事業が円滑に進むように、様々な特例措置が講じられています。

さらに、都市再生緊急整備地域を絞り込んだ地域として、2011（平成23）年には特定都市再生緊急整備地域の制度が創設され、必要な都市計画決定、公共下水道の排水利用のための特例などの措置が講じられています。

参照条文

都市再生特別措置法

第２条第３項、第４項（定義）
第３条（設置）
第４条第１項第３号（所掌事務）
第５条（都市再生緊急整備地域を指定する政令等の立案制定改廃の立案）

東京都の都市再生緊急整備地域の図

※羽田空港南・川崎殿町・大師河原地域の面積については、東京都内分を記載

出典：東京都都市整備局「東京の国際競争力の一層の強化に向けた都市再生の推進」P4
http://www.toshiseibi.metro.tokyo.jp/seisaku/toshisaisei/pdf/toshissaisei_01.pdf

Question 80

都市再生緊急整備地域における民間都市開発事業に対する政策金融などの支援措置はどうなっていますか？

A 都市再生緊急整備地域においては、民間事業者が主体的に事業を実施することが期待されています。このため、国土交通大臣は民都機構を通じて、メザニン（第一順位で返済される融資よりも劣後する融資）を行うことができます。

また、民間都市開発事業で国土交通大臣が認定したものについては、不動産取得税、固定資産税等の特例が講じられています。

なお、上記、政策金融は年度ごとの予算措置において、税制特例は年度ごとの税制措置において変更される可能性がありますので、最新の情報を入手する必要があります。

民間都市開発推進機構のメザニン業務

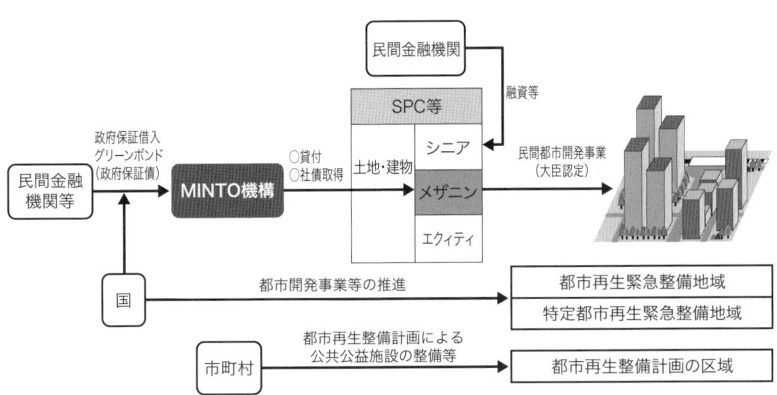

出典：一般財団法人 民間都市開発推進機構HP
http://www.minto.or.jp/products/mezzanine.html

Question 81

都市再生整備計画とはどのような計画ですか？

A 都市再生整備計画は、地方再生を目的として、市町村が策定する計画です。この計画に基づいて、いわゆるまちづくり交付金や道路占用の特例などにつながる計画です。

対象となる区域も都市計画区域に限らず、市町村の行政区域のどこでも定めることができるのが特徴です。

参照条文

都市再生特別措置法

第46条第1項、第2項（都市再生整備計画）

Question 82

都市再生整備計画に基づく交付金とはどういうものですか？

A 　都市再生整備計画に基づく交付金は、道路、都市公園、下水道などの公共施設、土地区画整理事業などの市街地開発事業のほかに、公共的な建築物など広く、公共公益施設を交付対象にしています。

また、ソフト事業も対象になります。

交付率は原則40％ですが、内閣総理大臣が認定した中心市街地活性化計画区域など国の利害にかかる計画については、45％に引き上げられています。

都市再生整備計画に基づく事業イメージ図

参照条文

都市再生特別措置法
第47条（交付金の交付等）

Question 83

都市再生整備計画に基づく道路占用の特例、都市公園の特例とはどのようなものですか？

A 都市再生整備計画に記載した場合には、道路上の広告板やオープンカフェなどについて、道路占用条件のうち、余地条件（ほかの場所に設置する余地がないことという条件）を緩和することができます。

都市公園の特例についても、都市区公園内に自転車駐車場や観光案内所を占用許可することができるようになります。

このうち、道路占用の特例は、国家戦略特別区域法による特例と同じ内容ですが、国家戦略特別区域法で道路占用の特例を受けるためには、内閣総理大臣の認定を受ける必要がありますが、都市再生整備計画は市町村が独自に定めるだけで済むことから手続きが簡単で使い勝手がいいと思います。

参照条文

都市再生特別措置法

第62条第１項～第３項

第62条の２

Question 84

都市再生整備計画の区域内における民間都市開発事業に対する政策金融の支援措置はどのようなものですか？

A　都市再生整備計画の区域内において行われる民間都市開発事業であって、国土交通大臣が認定したものについては、民都機構が出資又は社債取得を行う事業を支援することができます。この出資制度は、「まち再生出資」といいます。

まち再生出資業務のイメージ図

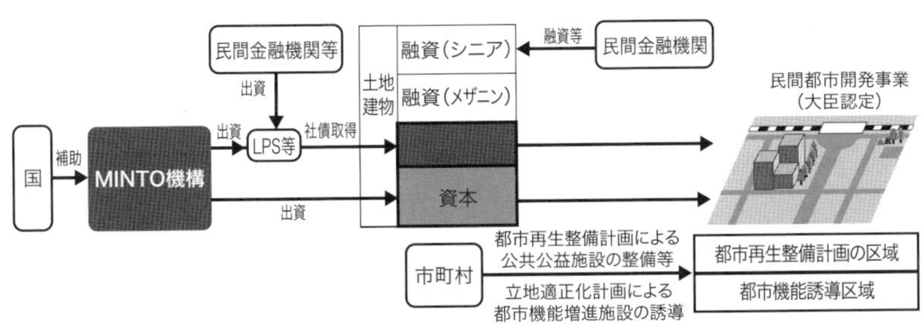

出典：一般財団法人 民間都市開発推進機構HP
　　　http://www.minto.or.jp/products/regenerate.html

参照条文

都市再生特別措置法
第71条第1項（民間都市機構の行う都市再生整備事業支援業務）

第4章

被災市街地復興特別措置法

この章では、都市計画の政策目的のうち、災害からの復興の目的に特化した被災市街地復興特別措置法について述べます。

1 被災市街地復興特別措置法のポイント

Question 85

被災市街地復興特別措置法の特徴は何ですか？

A 被災市街地復興特別措置法は、1995（平成7）年の阪神・淡路大震災の直後に制定された法律で、被災した都市の復興のための恒久的な法律です。

特徴としては、目的が都市計画法の目的のなかの安全に特化したものであり、かつ、中身も、土地利用規制、市街地開発事業、災害公営住宅の建設など総合的なものになっていることです。

この法律は、今後発生が予測されている、南海トラフ巨大地震や首都直下地震といった大震災などにも適用が想定される、重要な法律です。

Question 86

被災市街地復興特別措置法の制定経緯で際立った点は何ですか？

A　1995（平成7）年1月17日の阪神・淡路大震災は戦後初めての大都市直下の大地震でした。このため、従来から復興制度の活用を前提としていた都市計画法だけでは十分ではなく、早期に新しい復興のための法制度が求められました。

このため、発災からわずか1か月後の2月17日に法案が閣議決定され、2月21日には衆議院可決、2月24日には参議院可決と超特急で必要な対応がとられ、2月26日には官報告示、同時に必要な政省令も制定されました。

大震災後の法制上の対応としては模範となるものです。

▶もっと勉強したい人のために

『被災市街地復興特別措置法の解説 増補版』（ぎょうせい、2011）、拙著『政策課題別　都市計画制度徹底活用法』（ぎょうせい、2015）と拙著『最新　防災・復興法制』（第一法規、2016）が定番です。

コラム

東日本大震災の際の復興法制の制定状況

2011（平成23）年3月11日に東日本大震災が発災し、その後、東日本大震災に特化した復興法制の枠組みとして、2011（平成23）年12月14日に東日本大震災復興特別区域法が制定されました。

その後、恒久的な復興法制としては、2013（平成25）年6月21日制定の大規模災害からの復興に関する法律（以下「大規模災害復興法」といいます。）の制定になります。

▶もっと勉強したい人のために

大規模災害復興法の解説書として、現在発行されているものは、拙著『最新　防災・復興法制』（第一法規、2016）のみです。この本の中では、大規模災害復興法制定時の内閣府からの通知文も掲載しています。

2 被災市街地復興特別措置法の基本的枠組み

Question 87

被災市街地復興特別措置法の基本的枠組みはどのようになっていますか？

被災市街地復興特別措置法は、都市計画、市街地整備に関する部分と住宅対策に関する部分に分かれています。

都市計画、市街地整備に関する部分は、

①　被災市街地復興推進地域

②　土地区画整理事業の特例

③　市街地再開発事業の特例

住宅対策の部分は、

①　公営住宅入居基準の特例

②　UR都市機構の業務の特例

などからなっています。

ここでは、被災市街地復興推進地域、土地区画整理事業の特例、公営住宅入居基準の特例、UR都市機構の特例を説明します。

Question 88

被災市街地復興推進地域とは何ですか？

A 被災市街地復興推進地域は、市町村が定める都市計画です。被災した市街地で、２年間、復興計画や復興事業手法を検討する間、建物のバラ建ちや無秩序な土地の造成を抑制する仕組みです。

具体的には、被災市街地復興推進地域内で、建築物を建築したり、工作物の設置、土地の造成を行う場合には、市長、市の区域以外では知事の許可が必要となります。

この許可については、法律で軽微なものは許可しなければならないと規定していますが、市長又は知事の判断で柔軟に運用できるものです。

また、この許可制度は最長で２年間になりますが、それ以前でも、土地区画整理事業、市街地再開発事業、地区計画を定めて、法律に基づかないで土地所有者が自分で建築物を建築するなどの計画が固まった時点で解除されます。

参照条文

被災市街地復興特別措置法

第５条（被災市街地復興推進地域に関する都市計画）
第７条第１項〜第３項（建築行為等の制限等）

コラム

阪神・淡路大震災での被災市街地復興推進地域の運用ってちょっと変？

阪神・淡路大震災での復興事業として、神戸市で被災市街地復興推進地域の都市計画が活用されました。

この際には、被災市街地復興特別措置法が制定される以前から、土地区画整理事業、市街地再開発事業の都市計画の準備が進んでいたため、その障害とならないため、土地区画整理事業等の都市計画の区域とまったく同じ区域で、時期も土地区画整理事業等の都市計画と同時に、被災市街地復興推進地域を決定しました。

この運用は被災市街地復興特別措置法の制定時の阪神・淡路大震災に限った特殊な運用です。

今後の運用にあたっては、被災市街地復興推進地域が、土地区画整理事業等の復興計画を判断するための猶予期間を与える制度であることを前提にして、結果として土地区画整理事業等の法定事業が実施されない可能性もある地区も含めて、幅広く都市計画決定することが望ましいと思います。

▶もっと勉強したい人のために

拙稿「特別寄稿　阪神・淡路大震災に対する都市計画法制上の対応について」（公益財団法人都市計画協会「新都市」（2016.12））に、被災市街地復興推進地域の運用について詳しく記述しています。

Question 89

被災市街地復興推進地域における土地区画整理事業の特例とは何ですか？

A 被災市街地復興推進地域における土地区画整理事業の特例としては、

① 復興共同住宅区

② 清算金に代わる住宅等の供給

③ 施行地区外における住宅の建設等

などがあります。

これらはまだ実際には使われていません。

しかし、阪神・淡路大震災、東日本大震災の土地区画整理事業の実態からみて、事業を施行した地区の住宅立地がうまく誘導できず、被災地再建が遅れる可能性がありますので、今後、特に、②、③の特例の活用を検討すべきです。

これらは、土地区画整理事業を施行しながら、同じ施行者が、施行地区内で清算金を交付する代わりに、住宅を建設すること、又は施行者が施行地区外で土地を取得して住宅を建設することを可能とするものです。

土地の造成、道路等の公共施設の整備に時間がかかって住宅がなかなか建たないという問題を解決する手法として活用のための技術的な工夫が求められると思います。

参照条文

被災市街地復興特別措置法

第14条（復興共同住宅区への換地等）

第15条第1項（清算金に代わる住宅等の給付）

第16条第1項（施行地区外における住宅の建設等）

Question 90

公営住宅の入居要件の特例とは何ですか？

A 被災市街地復興特別措置法の住宅対策については、都市計画、市街地整備関係が被災市街地復興推進地域に限定されるのに対して、被災市街地復興推進地域に限定されずに相当数の住宅が被災した市町村の行政区域単位に適用されます。

このうち、公営住宅の特例は、被災者が住宅に困窮していれば、所得要件にかかわらず、公営住宅に入居することができます。

このことを公営住宅の入居要件の特例といいます。

参照条文

被災市街地復興特別措置法

第21条（公営住宅及び改良住宅の入居者資格の特例）

Question 91

UR都市機構の特例とは何ですか？

A UR都市機構は、実施できる業務は法律で制限されています。

特に、市町村などから受託する業務は、本来、自らの仕事として実施している業務に支障がない場合に限って行うこととされています。

しかし、被災地の復興にあたって住宅供給等を行うためには、市町村からの受託についても、職員をきちんと配置して実施する必要があります。

UR都市機構の特例とは、市町村等からの受託を、きちんと職員を配置して（本来の業務にかかわらず）実施することができるというものです。

参照条文

被災市街地復興特別措置法

第22条第1項（独立行政法人都市再生機構法の特例）

コラム

大規模災害復興法と被災市街地復興特別措置法の関係

大規模災害復興法は、東日本大震災を踏まえて恒久化された復興関係の法律です。

対象は、大規模な災害に限定されている意味で、災害の規模にこだわらない被災市街地復興特別措置法とは異なります。

ただし、大規模な災害の復興対策となると、双方の特例が両方とも活用できます。都市計画関係では、大規模災害復興法で定められた、「一団地の復興拠点市街地形成施設」(全面買収型の事業手法、東日本大震災では予算名「津波復興拠点整備事業」として活用されました。)や、都市計画決定の代行(市町村が被災によって都市計画の事務手続きを行えない状態になった場合には、県又は国土交通大臣が代行できる規定)が活用できます。

▶もっと勉強したい人のために

拙著『政策課題別　都市計画制度徹底活用法』(ぎょうせい、2015)のP37以降に災害の規模別の法律の適用関係については記述してあります。

第5章

密集市街地における防災街区の整備の促進に関する法律

この章では、都市計画の政策目的のうち、東京、大阪の都心部などに集積している、災害に対して脆弱な密集市街地を整備する手法をまとめた、密集市街地における防災街区の整備の促進に関する法律（以下「密集法」といいます。）について述べます。

1 密集法のポイント

Question 92

密集法の特徴は何ですか？

A 密集法は、密集市街地という東京、大阪などの大都市直下型の地震があれば延焼によって大きな被害が想定される地域の改善が、国として極めて重要な事業であるという認識のもと、特別法で、都市計画、建築行政、市街地整備手法など、考え得る手法を網羅した内容になっています。

そのため、現時点では十分活用されていない仕組みで、将来、法制度として一般化する可能性のある制度が多く含まれています。

この点が密集法の一番の特徴です。

Question 93

密集市街地の現状はどうなっていますか？

A 密集市街地のうち、「延焼危険性又は避難困難性が高く、地震時等において最低限の安全性を確保することが困難である、著しく危険な密集市街地」について、国土交通省が、2021（令和3）年3月時点で、市区町村に対して調査票を配布して回収した結果を公表しています。

これによれば、「地震時等に著しく危険な密集市街地」は全国に111地区(2,219ha)あります。特に、東京都内で、17地区(247ha)、神奈川県で、29地区（355ha)、大阪府で33地区（1,014ha）と大きな割合を占めています。

近年、急激に改善されていますが、依然として大都市に危険な密集市街地が残っており、国としても極めて重大な問題だと考えています。全国の密集市街地の現状については、以下のURLを参照してください。

https://www.mlit.go.jp/jutakukentiku/house/jutakukentiku_house_tk5_000086.html

東京都の木造住宅密集地域の分布状況

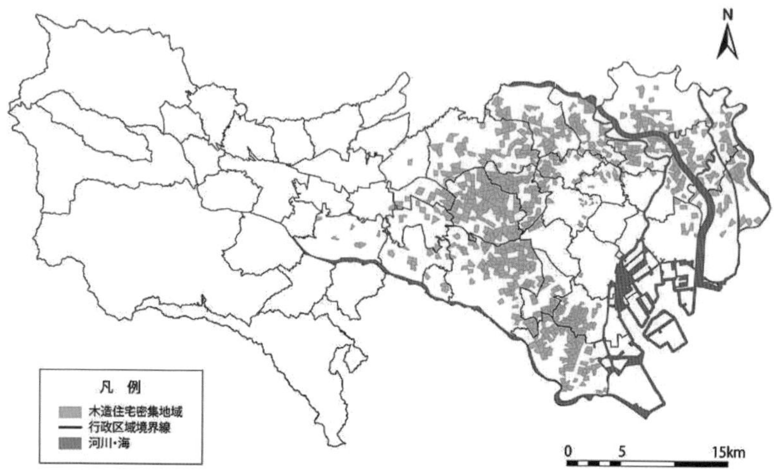

出典：東京都「木密地域不燃化10年プロジェクト」実施方針P1
http://www.metro.tokyo.jp/INET/KEIKAKU/2012/01/DATA/70m1k100.pdf

Question 94

密集市街地の整備について、国はどういう目標を掲げていますか？

A　2021（令和3）年3月19日に閣議決定をした住生活基本計画（全国計画）において、「地震時等に著しく危険な密集市街地の面積」約2,220haを2030（令和12）年度までに概ね解消するとの目標を定めています。

これに向かって、真剣な努力が国及び地方公共団体に求められています。

▶もっと勉強したい人のために

最新の「住生活基本計画」(2021（令和3）年3月19日）は、以下のURLを参照してください。

https://www.mlit.go.jp/jutakukentiku/house/jutakukentiku_house_tk2_000032.html

Question 95

密集市街地の整備の基本的な考え方はどういうものですか？

A 密集市街地は、老朽化した木造建築物が集積し、道路や公園などの都市基盤施設も未整備な状況です。

このため、まず、延焼を遮断するための都市計画道路の整備、都市公園の整備、延焼を遮断する役割を果たす都市計画道路の沿道の建築物の不燃化、延焼防止機能の確保、都市計画道路に囲まれた街区のアンコの部分における、不燃建築物への建替え促進などを総合的に実施することが必要です。

防災都市づくりのイメージ

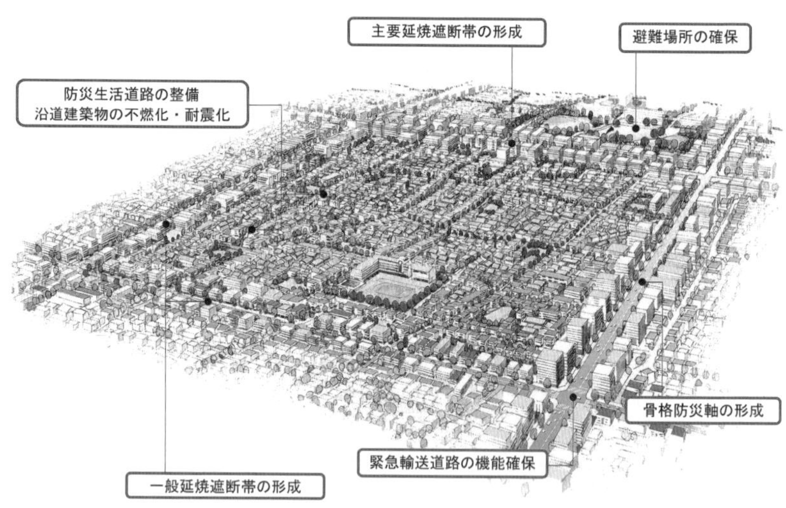

出典：東京都「防災都市づくり推進計画（改定）」P1-15
http://www.toshiseibi.metro.tokyo.jp/bosai/pdf/bosai4_02.pdf

▶もっと勉強したい人のために

『密集市街地整備法詳解』（第一法規、2011）が定番です。

2 密集法の基本的枠組み

Question 96

密集法の基本的枠組みはどのようになっていますか？

A　密集法は、都市再開発方針（**2-2-1⑶**（P119）参照）の密集版である「防災街区整備方針」の策定区域において、都市計画、建築、市街地整備の手法を総動員するための仕組みです。

具体的には、

① 居住安定計画を策定し公営住宅の入居措置等に伴う借家の更新拒絶措置

② UR都市機構の受託業務を本来業務として実施できる特例

③ 第二種市街地再開発事業（市街地再開発事業のうち全面買収型の事業）の施行区域面積要件の緩和（0.5ha以上から0.2ha以上に）

④ 防災街区整備地区計画

⑤ 防災街区整備権利移転等促進計画

⑥ 防災街区計画整備組合

⑦ 防災街区整備地区計画に定められた道路についての接道義務の特例

⑧ 防災街区整備事業

⑨ 都市計画道路など防災都市施設の整備のための特例

⑩ 避難経路協定

など、多岐にわたっています。

いずれも法制度的には新しい取り組みで、一般化が期待されるものです。特に、重要なものとして、防災街区整備地区計画、防災街区整備事業、都市計画道路などの防災都市施設の整備のための特例、避難経路協定について述べます。

Question 97

防災街区整備地区計画とはどのような計画なのですか？

A 防災街区整備地区計画は、都市計画道路の沿道に延焼遮断機能を有する建築物を誘導することを主な目的として創設された地区計画の一種です。

このため、地区計画の計画事項に通常はない、建物の間口率（建築物の前面の道路に面する部分の長さの敷地前面の道路に接する部分の長さに対する割合。1であれば、道路に面する部分の全部に建築物が建つことになります。）や、防火上必要な制限が規定できます。

この計画に基づいて、例えば、都市計画道路沿いの地権者と後ろの地権者との土地交換を促進する「防災街区整備権利移転等促進計画」や「防災街区計画整備組合」が活用できることになります。

参照条文

密集市街地における防災街区の整備の促進に関する法律
第32条第1項～第4項（防災街区整備地区計画）

Question 98

防災街区整備事業とはどのような事業ですか？

A　防災街区整備事業とは、土地区画整理事業が土地と土地との交換、市街地再開発事業が土地と土地付き建物との交換であるのに対して、その双方をミックスした手法です。

具体的には、建築物への権利変換による土地・建物の共同化を基本としつつ、例外的に個別の土地への権利変換を認める事業手法です。

この事業に対しては、市街地再開発事業と同様の社会資本整備交付金（**Q37**（P63）参照）による支援措置があります。

防災街区整備事業の整備イメージ

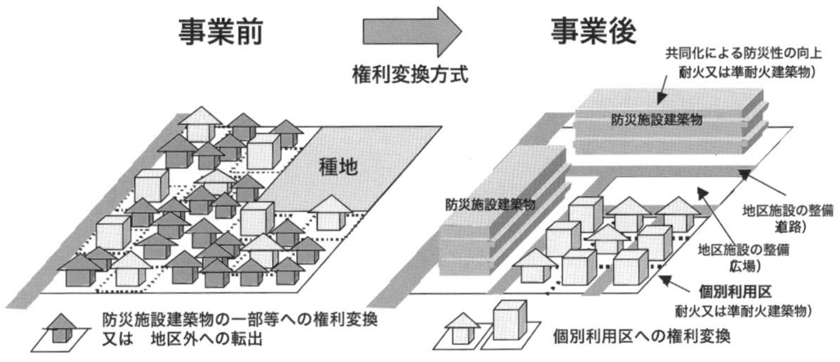

出典：国土交通省「密集市街地整備における事業手法の例」P2
http://www.mlit.go.jp/kisha/kisha03/07/071205/01-2.pdf

参照条文

密集市街地における防災街区の整備の促進に関する法律
第6章　防災街区整備事業

Question 99

防災都市施設の整備のための特例措置とはどのような内容ですか？

A 密集市街地の整備のためには、建物の建替え等による不燃化も重要ですが、同時に、都市計画道路の整備など都市基盤施設の整備も重要です。

このため、重点的に整備すべき都市計画道路などの都市施設について、都市計画法の特例として施行予定者と厳しい建築制限を課す期間の満了日を都市計画に定め、都市計画道路など防災都市施設の整備の促進を図るものです。

参照条文

密集市街地における防災街区の整備の促進に関する法律

第281条（防災都市施設の施行予定者等）

Question 100

避難経路協定とは何ですか？

A　避難経路協定は、火事などが密集市街地で発生した場合には、個々の土地所有者が所有している土地を使って避難することが重要であることから、そのために必要な措置として定められました。

具体的には、避難経路にあたる土地所有者等が同意して、一定の区域を避難経路として定め、避難経路に設置する看板等の工作物の設置の制限や避難経路周辺の工作物の制限などを、避難経路協定として定めた場合には、土地所有者が譲渡などによって変更した場合にも、新しい所有者にその協定の義務が引き継がれるというものです。

これを法制度上は「第三者効」といい、いわば契約を前提とする民法の特例となります。

参照条文

密集市街地における防災街区の整備の促進に関する法律
第289条（避難経路協定の締結等）
第294条（避難経路協定の効力）

コラム

他の都市計画の教科書

現在、都市計画法の教科書としては、生田長人『都市法入門講座』(信山社、2010)と安本典夫『都市法概説』(法律文化社、2013)がありますが、法学部大学院生向けの本で、入門書としてはやや難しく、また、都市計画の使い方の視点がありません。

絶版のものとしては、大塩洋一郎『日本の都市計画法』(ぎょうせい、1981)が優れていますが、内容は1980年の地区計画制度創設までしか含まれていません。

行政当局の考え方を明らかにしたものとしては、加除式の『都市計画法の運用Q&A』(ぎょうせい)があります。

都市工学の観点からの教科書は複数あります。

定番のものは、日笠端(著)、日端康雄(著)『都市計画 第3版増補』(共立出版、2015)、伊藤雅春ほか編著『都市計画とまちづくりがわかる本』(彰国社、2011)などがあります。

最近出版されたものでは、『まちづくり教書』(鹿島出版会、2017)、『都市をつくりかえるしくみ』(彰国社、2016)、『生活の視点でとく都市計画』(彰国社、2016)が優れています。拙著『政策課題別　都市計画制度徹底活用法』(ぎょうせい、2015)も、都市計画制度の応用編です。なお、地理学の異色のテキストとして、藤塚吉浩ほか『図説　日本の都市問題』(古今書院、2016)があります。

最新の都市計画制度の情報は、公益財団法人都市計画協会機関誌「新都市」、公益社団法人都市計画学会学会誌「都市計画」と一般社団法人日本建築学会学会誌「建築雑誌」を定期的にウォッチするといいでしょう。

第6章

宅地造成及び特定盛土等規制法

この章では、2022年に大改正され、従来の宅地造成に加えて、盛土、土砂堆積を規制対象に追加した盛土規制法について述べます。

1 盛土規制法のポイント

Question 101

2022年に改正された盛土規制法とはどういう法律ですか？

A もともとの法律は宅地造成等規制法という名前で、市街地の周りで行われる宅地造成について、宅地造成工事規制区域内での一定規模の宅地造成工事に対して都道府県知事の許可をうけなければいけないという制度でした。

2021年7月に静岡県熱海市で大雨に伴って盛土（これは宅地造成のためではありませんでした）が崩落して、土石流が発生し、人と物の大きな被害がでました。

このような市街地から離れ、かつ、宅地造成目的でない盛土に対しても規制の網をかけるために、宅地造成等規制法が2022年に改正され、また、法律の名称も「宅地造成及び特定盛土等規制法」（略称「盛土規制法」）となりました。

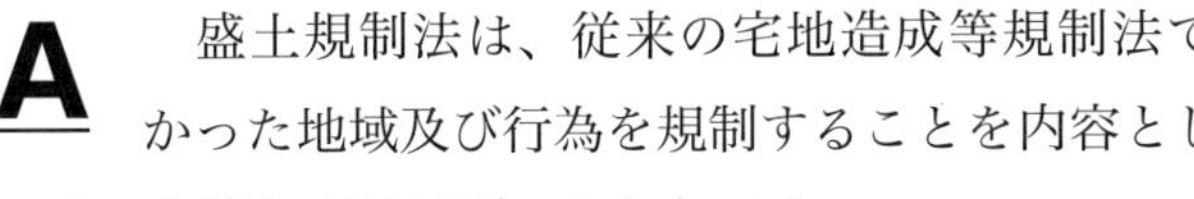

盛土規制法によって拡充した内容はどういう点ですか？

A　盛土規制法は、従来の宅地造成等規制法では規制できなかった地域及び行為を規制することを内容としています。

その主要な点は以下のとおりです。

①　規制対象行為として、宅地造成に加え、盛土、土砂の堆積を追加しました。

②　規制対象区域として、従来の「市街地又は市街地になろうとしている区域」に加え、「集落」の区域を加えて、「宅地造成等工事規制区域」を定めることができるとしました。

③　さらに、②以外の区域でも盛土や土砂の堆積を行った場合に危険が大きいと認められる区域を「特定盛土等規制区域」として定めることができるようになりました。

④　上記の②③の区域内では一定規模の宅地造成、盛土、土砂の堆積には都道府県知事の許可が必要となります。

⑤　工事にあたっては従来の完了検査以外に中間検査も義務付けます。

⑥　実効性を高めるために、罰金を最大1000万円とするなど、大幅に罰則を強化しました。

2 盛土規制法の基本的枠組み

Question 103

実際には地方公共団体のうち、だれが盛土規制法を運用するのですか？

A 盛土規制法では、都道府県知事、政令指定都市又は中核市の市長がその主体となると定められています（法第5条参照）。

今までの宅地造成の規制ということであれば、いわゆる都市計画を担当している部局が担当になることは比較的明確でしたが、盛土規制法になって、宅地の限定がはずれ、さらに、対象区域も大きく広がったので、地方公共団体の部局間で担当部局が明確にならないことも想定されます。

しかし、県民、市民の命を守るための必要な法律ですので、業務量が増えて大変だとは思いますが、積極的に盛土規制法の運用に取り組んでほしいと考えます。

特に、盛土規制法は**Q102**（P265）でも述べたとおり、宅地造成等工事規制区域等の区域を指定しないと、具体的な規制が働かない仕組みとなっています。このため、まず、実態などの調査を行った上で、この区域指定に取り組んでほしいと思います。

Question 104

不法な盛土などに対してはどのように対応するのですか？

A　盛土規制法では、不法な盛土などに対して、以下のとおり、様々な、かつ強力な制度が設けられています。ここでは、宅地造成等工事規制区域について述べます。

①　不法な盛土などの現状把握をするための立入検査の権限があります（法第24条）。

②　不法な盛土などに対しては、許可取消命令、工事停止命令／災害防止命令、土地利用制限・禁止命令／災害防止措置命令、工事施行停止命令（緊急の必要）を行うことができます（法第20条第1項から第4項）。

③　さらに、改善勧告（法第22条第2項）、改善命令（法第23条）を行うことができます。

④　最後の手段としては、行政代執行になりますが、行政代執行法第2条の補充性の要件、公益性の要件を緩和したものとして、緩和代執行（法第20条第5項第1号）、略式代執行（法第20条第5項第2号）、特別緊急代執行（法第20条第5項第3号）を実施することができます。

Question 105

不法な盛土対策に必要となる費用については、どのように考えればいいですか？

A 不法な盛土などに対しては、仮に行政代執行などで行政が費用を一時的に負担したとしても、本来は事業者、土地所有者が負担すべきものです。このため、事業者、さらに、原因行為者がみつからない場合には、土地所有者に対して求償することになります。

ただし、宅地開発目的の造成工事であれば、その後、完了検査をちゃんとうけて、その上で、建築確認を受けることができないと事業の収益を確保できないので、対象事業者や土地所有者がみつからないということは比較的起こりにくいのですが、盛土や土砂の堆積などでは、その後に収益を確保するための法的手続きが存在しないため、実際の許可などの手続きを受けて、工事を行ったのちに、自然災害などの結果危険性が明らかになったときには、既に事業者が倒産していたりして、その対策工事を行う費用を負担する者をみつけることが困難なことが想定されます。

このような問題を避けるためには、やはり、事業者が盛土などのために都道府県の許可を得ようとしている時点で、事業者と事後的な措置についても、十分に調整したうえで、その調整内容について、仮に、土地所有者等が変更しても責任を追及できるように、調整内容自体を許可条件に定めておくことが適切と考えます（法第12条第3項、第30条第3項）。

特に、事後的に一定の対策工事のために費用が必要となることに備えて、許可時点で将来の費用支出の際の支出に備えた保険（土木構造物保険など）に事業者が加入を求めるなど、許可権者である都道府県（政令指定都市、中核市を含む）が、行政側に費用負担が発生しないように対応策を工夫して、その対応策を許可条件に定めておくことが重要と考えます。

最後に

私は、国の職員としての都市計画法の法改正実務と、地方公共団体の職員としての都市計画運用実務の双方を経験してきました。その経験を活かして、これからの都市計画が、人口減少社会という大きな転換点に対応し、さらに、様々な政策課題に対応して、政策ツールとして重要な役割を果たすことができるよう、基礎的なことから、都市計画の理解と活用のために最低限必要な知識を、書き下ろしてみました。

ここまでお読みいただいて、都市計画の理解が深まりましたでしょうか。

是非、地方公共団体、大学などの様々な立場から、都市計画の重要性をご理解いただき、都市計画をうまく時代にあわせて使いこなして、様々な政策課題の解決に取り組んでいただければ幸いです。

私の都市計画の法律改正や様々な都市計画実務に関する機会を与えていただいた、故山本繁太郎、中島正弘、原田保夫先輩に感謝申し上げます。また、いつも家庭を支えてくれる妻秀佳にも感謝します。

なお、株式会社ぎょうせいの方々に大変お世話になりました。

索　引

アルファベット

あ　行

か　行

さ 行

た 行

な 行

は 行

ま 行

や 行

ら 行

〈著者略歴〉

佐々木　晶二（ささき　しょうじ）

（公財）都市計画協会審議役、（一財）土地総合研究所専務理事、社会工学博士
1982（昭和57）年建設省入省。1989（平成元）年岐阜県都市計画課長、1995（平成7）年建設省都市計画課課長補佐の時に、阪神・淡路大震災に直面し、被災市街地復興特別措置法案を立案。2005（平成17）年兵庫県まちづくり復興担当部長、2011（平成23）年国土交通省都市局総務課長の時に東日本大震災に直面し、復興事業の予算要求を立案。2012（平成24）年内閣府大臣官房審議官（防災担当）。2016（平成28）年6月より国土交通省国土交通政策研究所所長。2017（平成29）年国土交通省退官。

いちからわかる
都市計画のキホン　改訂版

令和5年6月20日　第1刷発行

著　　佐々木　晶二

発　行　株式会社ぎょうせい

〒136-8575　東京都江東区新木場1-18-11
URL：https://gyosei.jp

フリーコール　0120-953-431
ぎょうせい　お問い合わせ　検索　https://gyosei.jp/inquiry/

〈検印省略〉

印刷　ぎょうせいデジタル株式会社

ISBN978-4-324-11273-1
(5108870-00-000)
〔略号：いちから都計（改訂）〕